Barbara und Hans Otzen
Die heimliche Invasion

BARBARA UND HANS OTZEN

DIE HEIMLICHE INVASION

NEUBÜRGER IM TIER- UND PFLANZENREICH, DIE MAN KENNEN SOLLTE

NIKOL
VERLAG

Satz & Layout: Röser MEDIA GmbH & Co. KG, Karlsruhe
Umschlaggestaltung: Nele Schütz Design unter Verwendung
von Shutterstock/Liudmilla Bohush (Waschbär) und
AdobeStock/jackson (Mücke), Uwe (Papagei), Creative
Station (Wespe), Gordon (Schakal)
Druck und Bindung: UAB BALTO print
Printed in Lithuania

ISBN: 978-3-86820-838-2

Besuchen Sie uns im Internet:
www.nikol-verlag.de

Inhalt

Vorwort

Neobiota – Fluch oder Segen?

Für uns Menschen ist die globale Mobilität längst zur Selbstverständlichkeit geworden – dabei sind wir doch selbst die problematischste invasive Art. Von unserer Urheimat in Ostafrika haben wir uns in Hunderttausenden von Jahren über die ganze Erde ausgebreitet. Und genauso haben auch andere Lebewesen ihren Ausbreitungsweg in neue Lebensräume gefunden. Nur verlaufen diese Prozesse heute mit atemberaubender Geschwindigkeit, wobei wir Menschen meistens die Hauptverursacher sind. Wir sind es doch, die es einer Vielzahl von Tieren (Neozoen), Pflanzen (Neophyten), Pilzen (Neomyceten) und anderen Lebewesen ermöglichen, auf Reisen zu gehen, so zum Beispiel durch die Einfuhr von Zier- und Nutzpflanzen, als Jagdwild, im Ballastwasser von Handelsschiffen. Der menschgemachte Klimawandel bietet vielen dieser Lebewesen die Möglichkeit, sich in neuen Lebensräumen zu etablieren. Die meisten dieser Arten fügen sich mehr oder weniger unauffällig in das für sie neue Ökosystem ein, stellen dann sogar eine Bereicherung dafür dar. So bietet die Goldrute zusätzlichen Nektar für Insekten an. Meisen ernähren sich gern von der Rosskastanienminiermotte. Eine Bereicherung stellen auch die neuen Nutzpflanzen dar, die beispielsweise seit der Entdeckung Südamerikas bei uns heimisch geworden sind. Kartoffeln, Tomaten und Mais tragen nachhaltig zur Verbesserung der Welternährungslage bei. Doch wenige Arten richten umso größeren Schaden an. Sie vermehren sich explosionsartig und bedrängen Ökosysteme, schädigen Biotope, verdrängen heimische Arten, beeinträchtigen die Vegetation sowie land- und forstwirtschaftliche Kulturen, verbreiten Allergien oder schleppen neue Krankheiten ein – dann handelt es sich um sogenannte „invasive Arten".

Da die Wanderungsbewegungen von Pflanzen und Tieren schon immer stattgefunden haben, nennt man jene Lebewesen, die vor der Entdeckung Amerikas die einheimischen Arten ergänzten, Archäobiota. Nur die nach 1492 eingeführten Arten werden als Neobiota bezeichnet. Das geschah schon recht bald nach der Entdeckung Amerikas, auch weil das in Europa erwachte botanische Interesse die Neugier an den exotischen Pflanzen weckte. Das beste Beispiel bietet die Kartoffel, die zunächst wegen ihrer andinen Blütenpracht

von Botanikern für die herrschaftlichen Gärten besorgt wurde. Den Nutzen der Knolle fand man erst sehr viel später heraus, als man sie für die heimischen Klimaverhältnisse selektierte – dabei ging die Blütenpracht weitgehend zugunsten der Knolle verloren. Nur wenige der eingebrachten Arten konnten und können sich in die heimischen Lebensbedingungen einfügen. Wenn sie sich dann als schädlich für die Ökosysteme erweisen, nennt man sie „invasiv". Besonders kritisch wird dies, wenn isolierte Ökosysteme, wie zum Beispiel auf Inseln, von invasiven Arten heimgesucht werden. Das kann zur gänzlichen Ausrottung endemischer Arten führen. Beinahe wären die neuseeländischen Kiwis eingeführten Katzen und Hunden zum Opfer gefallen.
Doch wie kann man sich nun gegen die invasiven Arten schützen? Dafür gibt es ein breites Maßnahmenbündel, das schon zeigt, wie vielschichtig das Problem ist. Dazu gilt es, im Vorfeld neue potenziell invasive Arten zu erkennen, die Einbringung potenziell invasiver Arten zu verhindern, und die Ausbreitung etablierter invasiver Arten einzudämmen und deren Schadwirkung im Einzelfall zu mindern. So listet das Bundesamt für Naturschutz für Deutschland an die 100 invasive Tier- und Pflanzenarten auf, die negative Auswirkungen haben können. Für die gesamte Europäische Union gehen Experten von 12.000 eingewanderten Arten aus, von denen 15 Prozent als invasiv eingestuft werden. So weist die EU-Verordnung 1143/2014 eine Liste invasiver Arten auf, die laufend fortgeschrieben wird und umfassende Regelungen und Verbote für die Vermarktung, den Besitz, die Zucht oder die Ausbringung dieser Pflanzen, Tiere, Pilze etc. enthält. Nach deutschem Naturschutzrecht ist das Ausbringen gebietsfremder Arten genehmigungspflichtig. Auch internationale Abkommen greifen, wie etwa die Ballastwasserverordnung für den Schiffsverkehr. Doch trotz aller Regelungen – der Schaden, den invasive Arten anrichten, geht in die Milliarden. Das sollte man wissen, wenn man Waschbären niedlich findet oder sich am Blütenmeer des Drüsigen Springkrauts an Bachrändern erfreut …

Das Afrikanische Lampenputzergras

Eine attraktive Gartenpflanze

Das bei Hobbygärtnern so beliebte Afrikanische Lampenputzergras (*Pennisetum setaceum*), darf – nachdem es 2017 in die EU-Liste invasiver Arten aufgenommen worden ist – nicht mehr verkauft und kultiviert werden. Warum nur? Wegen Brandgefahr!

Das Afrikanische Lampenputzergras ist eine ausdauernde mehrjährige Grasart, deren aufrechte Halme bis über einen Meter hoch werden. Die wechselständigen Blätter treten bogig an der Basis und an den Halmknoten aus. Sie sind schmal und am Ende spitz. Die lampenputzerähnlichen Blütenstände wachsen rispig mit kurzen Seitenästen und zeigen sich mit ihren dicht gedrängten Teilblütenständen als Scheinähren. Sie werden bis 40 Zentimeter lang. Es ist das dekorative Erscheinungsbild dieser Graswedel, die das Afrikanische Lampenputzergras für den Zierpflanzenbau so interessant gemacht hat. Solitär kommen die Graswedel besonders gut zur Geltung und zeigen sich in Rabatten ebenso sehr dekorativ.

Den ursprünglichen Lebensraum des Afrikanischen Lampenputzergrases stellen die überwiegend trockenen Bereiche Afrikas und Asiens dar. Von hier aus hat sich die Pflanze über den gesamten Mittelmeerraum und in klimatisch ähnliche Gebiete Amerikas ausgebreitet. Mit ihrer Eigenschaft, Horste auszubilden, verdrängt sie dort die natürliche Vegetation. Durch die große Biomasse dieser Horste, die im Winter austrocknen, breiten sich Brände aus, die auf Hawaii, in Südafrika und in Arizona schon zu großen Problemen führten. In Deutschland hat sich das Afrikanische Lampenputzergras noch nicht ausbreiten können, es überlebt strenge Winter nicht. Aber auch das kann der Klimawandel noch ändern. Inzwischen hat sich herausgestellt, dass die in Gartencentern überwiegend verkaufte Sorte „Rotes Lampenputzergras" (*Pennisetum setaceum 'Rubrum'*) eine eigenständige Art darstellt und deshalb nicht unter die Regeln der EU-Verordnung über invasive Arten fällt.

Die Aga-Kröte

Eine Katastrophe für Australien

Die Aga-Kröte (*Bufo marinus*) ist ein Beispiel dafür, welchen Schaden der Mensch anrichten kann, wenn er es gut meint und Tiere bewusst in neue Lebensräume einschleppt. Diese Kröte zählt mit bis zu 22 Zentimetern Größe (Weibchen) und bis zu 12 Zentimetern Größe (Männchen) zu den allergrößten Froscharten. Nur wenige wie der Ochsenfrosch (siehe dort) sind noch größer. Die von Warzen übersäte Haut der Aga-Kröte ist hell- bis dunkelbraun gemustert (Weibchen), bei den Männchen eher olivbraun. Gegen Fressfeinde setzt die Kröte giftige Hautsekrete ein, die für Angreifer tödlich sein können. Bereits der Laich und die Larven besitzen diese Abwehrstoffe.
Ihr Ursprungsverbreitungsgebiet reicht vom Amazonas bis Texas, wo sie in hoher Anpassungsfähigkeit Regenwälder, Graslandschaften, Feuchtgebiete, Ackerland, Parkanlagen und Gärten besiedelt. Sie ernährt sich von Würmern, Schnecken, Amphibien und Reptilien, kleinen Säugetieren und sogar von Bienen. Ihre Fortpflanzung richtet sich weniger nach Jahreszeiten, sondern nach dem Vorhandensein günstiger Laichgewässer. Die Weibchen können dann bis zu zweimal jährlich an die 30.000 Eier ablegen.
In den 1920er-Jahren importierte man Aga-Kröten nach Puerto Rico, um dort den Zuckerrohrkäfer als großen Schädling der Zuckerrohrplantagen zu bekämpfen. Der Versuch schien zu gelingen, aber später stellte sich heraus, dass es eher an veränderten Wetterbedingungen lag, die den Käferbestand reduzierten. Doch angesichts des vermeintlichen Erfolgs importierte man Aga-Kröten auch nach Australien. Hier konzentrierten sie sich aber nicht auf das Zuckerrohr, sondern dezimierten Schlangen, endemische Amphibien und Vögel. Die einheimische Tierwelt kannte keine Abwehrstrategien gegen die giftigen Kröten. Im Gegenteil, das Krötengift führte dazu, dass Dingos, Schlangen und andere endemische Tiere verendeten, wenn sie eine Aga-Kröte erbeuteten.

Das Alligatorkraut

Eine starkwüchsige, Matten bildende Wasserpflanze

Das Alligatorkraut (*Alternanthera philoxeroides*) ist eine starkwüchsige Pflanze, die sich an sonnigen und halbschattigen Standorten in Wasser- und Sumpflandschaften ausbreitet. Ihre dunkelgrünen, kahlen, an hohlen, bis einen Meter langen Stängeln wachsenden Blätter sind bis sieben Zentimeter lang und bis 5 Zentimeter breit und gegenständig am Stiel angeordnet. Durch von der Pflanze ausgehende, bis zu zehn Meter lange Seitensprosse, sogenannte Stolonen, wie man sie beispielsweise oberirdisch von Erdbeeren kennt, formt das Alligatorkraut im Wasser dicht verwobene Matten. An den Knoten dieser Stolonen bilden sich sowohl Wurzeln als auch aufrecht wachsende Triebe. Sterben die verbindenden Sprossen ab, entstehen unabhängige, genetisch identische neue Pflanzen. In der Wärme bildet die Pflanze kugelförmige Blütenstände, aus denen sich kurzgestielte Fruchtknoten entwickeln. Während der Blütezeit ragen die Matten an die 20 Zentimeter aus dem Wasser heraus. Dazu sind Temperaturen von bis zu 30° Celsius erforderlich. Die Pflanze toleriert Temperaturen unter 20°. Unter 5° stellt sie das Wachstum ein. Bei Frost überleben immer wieder einzelne Triebe, die dann in den neuen Verbreitungsgebieten wieder austreiben können.

Ursprünglich war das Alligatorkraut in den südamerikanischen tropischen Wäldern beheimatet. Von hier hat es sich als Neophyt in vielen Teilen der Welt verbreitet. Heute hat es feste Standorte in Australien, China, Thailand und auf den Karibischen Inseln. Die Verschleppung erfolgte sowohl über das Ballastwasser von Schiffen als auch durch das Aussetzen von Aquarienpflanzen. Auch in Europa ist die Pflanze angekommen, so in Italien und Nordfrankreich. Für Deutschland sind trotz Klimawandel nur lokale Populationen denkbar. Bemerkenswert ist, dass sich das Alligatorkraut in den gemäßigten Einwanderungsgebieten offensichtlich nur vegetativ über die Stolonen vermehren kann.

Die Amerikanische Kermesbeere

Grenzt die Konkurrenz durch Giftstoffe aus

Europäische Siedler in Nordamerika hatten im Kontakt mit Indianern von der Nutzbarkeit der Amerikanischen Kermesbeere (*Phytolacca americana*) erfahren. Die Indianer wussten von der Giftigkeit ihrer Blätter und Früchte, aßen sie in mehrfach gekochtem Zustand und setzten sie als Färberpflanze und in geringer Dosierung als Arzneimittel vor allem gegen Entzündungen und Hautprobleme ein. Wegen des hohen Eignungswertes und Dank des Wissens über den Umgang mit dieser Pflanze wurde sie schon früh nach Europa eingeführt. Eine erste Nennung erfolgte aus dem Botanischen Garten in London im Jahr 1615.

Bei der Amerikanischen Kermesbeere handelt es sich um eine bis drei Meter hohe krautige Pflanze, die dichte Bestände ausbildet. Die ungünstige Jahreszeit überdauert sie als Rübe im Boden und treibt im März wieder aus. Sie blüht den Sommer über und bildet im Herbst Fruchtstände aus, deren in zehn Kammern gegliederte Beeren enorme Samenmengen produzieren. Über ihre Wurzeln verbreitet sie Phenole, die andere Pflanzen am Wachstum hindern. Auch dank ihres attraktiven Erscheinungsbildes hat sich die Pflanze über Ziergärten hinaus weit über die Erde verbreitet.

In Deutschland dringt die Amerikanische Kermesbeere von Süden her voran und bildet schon Teppiche in den Wäldern Baden-Württembergs. Ihre hohe Reproduktionsrate und die Tatsache, dass sie ab einem kritischen Grenzwert an Individuen auf der Fläche in exponentielles Wachstum übergeht, hat sie in Problemgebieten am Oberrhein zu einer die Waldökologie schädigenden invasiven Art gemacht, die dort auch schon bekämpft wird. Denn die Ausbreitung der Pflanze steht den forstwirtschaftlichen Bemühungen der Naturverjüngung und dem Erhalt artenreicher Wälder entgegen. Gleichermaßen schädigt sie den Artenreichtum an Gliederfüßlern wie Insekten, Tausendfüßler, Kleinkrebsen und Spinnentieren.

Der Amerikanische Rostkrebs

Aggressiv gegenüber Artgenossen und Fressfeinden

Es sind die zwei dunklen rostfarbenen Flecken seitlich am Panzer, die dem ansonsten grünlich-braun gefärbten Amerikanischen Rostkrebs *(Faxonius rusticus)* seinen Namen gaben. Seine Scheren sind rötlich und an der Spitze mit schwarzen Bändern versehen. Ausgewachsene Tiere weisen eine Körperlänge von etwa 10 Zentimetern auf, wobei die Weibchen etwas kleiner bleiben. Ab einer Körperlänge von vier Zentimetern, die sie im ersten Lebensjahr erreichen, sind die Tiere geschlechtsreif. Bereits ab einer Temperatur von 5° Celsius findet die Fortpflanzung statt. Die Weibchen legen ein- bis zweimal im Jahr an die 200 Eier ab, die sie dann am Unterleib tragen. Nach einem Monat schlüpfen die Jungkrebse und verbringen noch ca. 1–2 Wochen am Unterleib der Mutter. Übrigens bewahren die Weibchen die Spermien längerfristig, sodass sie für die Ausbreitung in neue Lebensräume keine Männchen benötigen, die auch untereinander ausgesprochen aggressiv sind. Diese Ausbreitung ist in den letzten Jahrzehnten weit in den Mittleren Westen bis nach Kanada hinein erfolgt. Ursächlich für die Ausbreitung sind unter anderem die Aussetzung von Aquarientieren, die Zucht der Tiere zu Speisezwecken und ihre Eignung als Köder für Angler.

Es ist vor allem die Aggressivität der Rostkrebse gegenüber Fressfeinden, die ihnen die Ausbreitung ermöglicht hat. Die Raubfischarten in den einheimischen Gewässern sind es nicht gewohnt, dass sich Krebse zur Wehr setzen. Anstatt zu fliehen, nehmen die Rostkrebse mit über den Kopf erhobenen Scheren eine Angriffshaltung ein, die abschreckend wirkt. So ist die Population der Rostkrebse in den Einwanderungsgewässern schnell gewachsen. Sie verdrängen dort die einheimischen Krebsarten und sind im Mittleren Westen längst zur dominanten Krebsart geworden. Und sie übertragen die Krebspest, was sie zu einer zusätzlichen Gefahr für entsprechende Lebensräume in Europa macht – wo sie noch (?) nicht angekommen sind.

Die Amurgrundel

Eine potenzielle Gefahr für Aquakulturen

Die Amurgrundel (*Perccottus glenii*), auch Amur-Schläfergrundel genannt, ist ein eher unscheinbarer Fisch, der keine großen Ansprüche an seinen Lebensraum stellt. Der hochrückige beschuppte Fisch wird bis 25 Zentimeter groß und 250 Gramm schwer. Gefärbt ist er je nach Lebensraum grün-oliv bis bräunlich-grau, dabei vielfarbig gepunktet und gefleckt. Auffällig ist der breite Kopf mit großem oberständigem Maul, dessen Unterkiefer vorsteht. Während die Bauchflossen des Fisches getrennt sind, sind die Rückenflossen geteilt. Ihren Lebensraum finden Amurgrundeln in den Uferbereichen stiller und langsam fließender Gewässer. Austrocknung und Vereisung überstehen sie durch Eingraben in den Schlamm. Als Raubfische leben Amurgrundeln von Larven, Krebstieren, anderen Wirbellosen und kleinen Fischen, selbst die der eigenen Art. Im beginnenden Sommer werden die länglichen Eier bei Wassertemperaturen an die 20° Celsius an Substrate im Flachwasserbereich geheftet. Das Männchen bewacht die Eier bis zum Schlupf. Die Larven ernähren sich dann zunächst von Zooplankton. Ursprünglich stammen Amurgrundeln aus dem fernen Osten Russlands und Nordostchina. Von hier aus wurden sie zu Beginn des 20. Jahrhunderts über Sankt Petersburg als Aquarienfische verbreitet und gelangten in die Flusssysteme Westrusslands. Die offensichtlich für die Fischzucht geeignete Amurgrundel fand dann über Aquakulturen Eingang in die osteuropäischen Flüsse.

In der ehemaligen DDR wurden 1962 Zuchtversuche an Amurgrundeln im Zoologischen Institut der Hochschule Potsdam durchgeführt. Erste Nachweise in Westdeutschland erfolgten 2003 in kommerziellen Fischteichen im bayerischen Naturschutzgebiet „Charlottenhofer Weihergebiet", eingebracht wohl unabsichtlich durch Fischbesatz, dann 2013 auch außerhalb der Fischteiche. Noch gibt es keine Hinweise darauf, dass sich Amurgrundeln negativ auf die Biodiversität in ihren neuen Lebensräumen auswirken. Allerdings können sie in abgeschlossenen Aquakulturen den gesamten Nutzfischbestand innerhalb kürzester Zeit tilgen.

Die Arabische Oryx

Nach Ausrottung wieder angesiedelt

Ursprünglich war die Arabische Oryx (*Oryx leucoryx*) als kleinste der Oryx-Antilopenarten von Nordostafrika weit über die Arabische Halbinsel bis zur Levante verbreitet. Sie erreicht bei einem Gewicht von siebzig Kilo eine Schulterhöhe von knapp einem Meter. Ihr Fell ist überwiegend weiß, weshalb sie auch Weiße Oryx genannt wird– nur die Unterseite und die Beine sind gelbbraun. Sie trägt eine vom weißen Fell abgesetzte dunkelbraune Gesichtsmaske, ihre Mähne erstreckt sich vom Kopf bis zum Rückenansatz, wo sie in einem langen, buschigen Schwanz endet. Kennzeichnendes Merkmal sind die langen, nur leicht gekrümmten Hörner beider Geschlechter. Wichtig für ihr Leben in den Wüsten und Halbwüsten Westasiens ist die reflektierende Eigenschaft des Fells, die sie vor der Wüstensonne schützt. Auch auf andere Weise sind die Tiere an die Wüstenhitze angepasst. Tagsüber steigern sie ihre Körpertemperatur auf 45° Celsius, in der Nacht sinkt sie auf 36° Celsius, was ihren Wasserverlust senkt. Durch ihre dämmerungs- und nachtaktive Lebensweise entziehen sie sich der Tageshitze.

Die Arabische Oryx lebt normalerweise in geselligen Gruppen aus mehreren Männchen und Weibchen und ihrem Nachwuchs. Trotz aller Anpassung an ihre trocken-heiße Umwelt war sie schon im 19. Jahrhundert weitgehend ausgerottet und existierte nur noch in Rückzugsgebieten im Süden der Arabischen Halbinsel. 1962 betrug der Wildbestand nur noch fünfunddreißig Tiere. Die letzten noch in freier Natur lebenden Tiere waren 1972 durch Wilderer ausgerottet. Doch rechtzeitig zuvor konnten noch zehn Tiere entnommen und in US-amerikanische Zoos gebracht werden. Diese Tiere bildeten den Kern dessen, was später als „Weltherde“ bezeichnet wurde. Alle der heute wieder im Ursprungsgebiet lebenden Oryx-Art stammen von dieser Herde ab. Die ersten zehn davon wurden 1982 in der zentralen Wüste Omans ausgesetzt, später auch an anderen Stellen der Arabischen Halbinsel.

Die Argentinische Ameise

Das größte Raubtier der Welt?

Die Redaktion der ARD-Sendung „Planet Wissen“ bezeichnete die Argentinische Ameise (*Linepithema humile*) als das größte Raubtier der Welt. Dieses winzige Tier, hellbraun gefärbt und mit etwas dunklerem Hinterleib, erreicht gerade einmal eine Größe von 2,5 Millimetern. Die Königin wird auch nicht größer als fünf Millimeter. Ihre ursprüngliche Heimat erstreckt sich zwischen Nordargentinien und Südbrasilien. Von hier aus haben sich diese Ameisen über den internationalen Handelsverkehr auf allen Kontinenten ausgebreitet, wo mediterranes Klima herrscht. Denn anhaltenden Frost vertragen sie nicht. Argentinische Ameisen bevorzugen zuckerhaltige Nahrung, wozu sie auch Kolonien von Blattläusen halten. Für die Nachzucht schaffen sie proteinreiche Nahrung herbei. Ihre Kolonien haben meist mehrere Königinnen, was ihre Reproduktionsrate erhöht. Ihre Nester legen sie vorzugsweise im ländlichen Raum unter Laub oder unter Steinen an, weil sie nicht tief graben können, übernehmen aber auch verlassene Ameisennester anderer Arten. Sie treten untereinander und gegen andere Ameisenarten aggressiv auf. In ihren neuen Lebensräumen folgen sie eher der menschlichen Besiedlung. Da die neuen Kolonien nur von wenigen Exemplaren gegründet wurden, sind sie im Auswanderungsbereich genetisch „verwandt“, die Aggression untereinander entfällt. Die Kolonien vereinheitlichen sich. Es werden große Staaten gebildet, deren Aggression durch ihre immense Zahl immer durchsetzungsstärker wird. Die größte Kolonie im mediterranen Raum reicht von der Costa Brava über Frankreich bis Norditalien in einer Ausdehnung von 6.000 Kilometern. So verdrängen sie die einheimischen Ameisen und stellen eine Gefahr für alle wirbellosen Tiere dar, die sich nicht gegen die aggressiven Ameisen verteidigen können.

L=2.186 mm

Die Asiatische Hornisse

Sie jagt unsere Honigbienen

Die Asiatische Hornisse (*Vespa velutina*) ist von Afghanistan über Indien und China bis zum Indonesischen Archipel beheimatet. Auf ihrem Ausbreitungsweg über ihr Ursprungsgebiet hinaus kam sie nach Korea und macht dort bereits 30 Prozent der Hornissenpopulation aus. Die Art ist mit der Größe der Königinnen von 3 Zentimetern und der Arbeiterinnen von 1,7 bis 2,4 Zentimetern Länge etwas kleiner als die in Europa weitverbreitete Hornisse (*Vespa crabro*). In ihrem Ursprungsgebiet tritt sie in mehreren Farbvariationen auf. Die schwarze Unterart der Asiatischen Hornisse (*Vespa velutina nigrithorax)* ist an ihren gelben Beinen, dunklen Flügeln, schwarzem Thorax, dunkler Farbe und dunklem Bauch erkennbar, der von einem gelb-orangefarbenen Ring umgeben und durch ein schwarzes Dreieck gekennzeichnet ist. Diese Unterart hat es bisher als Einzige vermocht, den Weg nach Europa anzutreten. 2004 wurde sie erstmals in Frankreich festgestellt, seither ist sie in Portugal, Spanien, Italien, Westdeutschland, Belgien, Großbritannien und den Niederlanden verbreitet.

In ihrem Ursprungsgebiet umfasst das Nahrungsspektrum der Hornisse neben Nektar und reifen Früchten überwiegend Insekten, vor allem Bienen. Zu diesem Zweck greifen sie sich vor den Stöcken zurückkehrende Bienen, die sie als konzentrierte Nahrungsquelle bevorzugen. Große Völker, deren Nester eine Länge von 1 Meter erreichen können, sind so in der Lage, ein ganzes Bienenvolk auszurotten. Diese Eigenschaft des Bienenfangs zeigen die Schwarzen Asiatischen Hornissen sehr zum Entsetzen der Imker selbst in Frankreich, wobei sie dort weniger aggressiv sind. Auch sind ihre Völker weniger groß. Aber wegen dieser Eigenschaft wurde die Schwarze Asiatische Hornisse 2016 in die EU-Liste der unerwünschten Arten aufgenommen, um auf dieser Basis ihre weitere Ausbreitung einzudämmen.

Der Asiatische Laubholzbockkäfer

Der größte aller Holzschädlinge

Ein Prachtexemplar ist der Asiatische Laubholzbockkäfer *(Anoplophora glabripennis)* mit seinem bis zu vier Zentimeter langen, hell gefleckten, schwarzen Körper und den elfsegmentigen, geringelten Fühlern, die das Mehrfache seines Körpers ausmachen – bei den Männchen sind sie länger als bei den Weibchen. Die gefräßigen, bis fünf Zentimeter langen und einen Zentimeter dicken Larven durchleben elf Entwicklungsstadien. Heimisch ist der Asiatische Laubholzbockkäfer in Ostasien. Eingeschleppt wurde er nach Nordamerika und Europa in Verpackungsholz aus China, so vor allem in Holzpaletten und Lattenkisten zum Transport von chinesischem Granit. Wenngleich der Käfer seine Eier nur in lebendem Holz ablegen kann, ist die weitere Entwicklung der Larven auch in Lattenholz möglich. Wäre solches Holz ordnungsgemäß hitzebehandelt, wäre diese weitere Entwicklung verhindert.

Als Brutstätte dienen dem Asiatischen Laubholzbockkäfer Laubbäume. An die dreißig Eier bohrt das Weibchen in ihre Schwachstellen, so vor allem in Astgabeln. Dort schlüpfen die Larven nach zwei Wochen und fressen sich unterhalb der Rinde durch, um sich dann nach dem dritten Entwicklungsstadium in das Holz einzubohren. Während ihres bis zu zwei Jahre währenden Reifungsfraßes werden den Bäumen ihre zwanzig Zentimeter langen Larvengänge zum Verhängnis. Nach der Verpuppung verlassen die Käfer ihre Brutstätte durch ein kreisrundes Ausbohrloch. So können auch gesunde Bäume binnen weniger Jahre absterben. Die Käfer überleben den Winter in der Regel nicht, wohl aber ihre Larven. Da sie in ihrem neuen Lebensraum kaum Fressfeinde haben, können sie sich rasch vermehren. Ist erst einmal ein Befall eingetreten, müssen alle Bäume im erreichbaren Umfeld gefällt und durch Häckseln und Verbrennen entsorgt werden, damit nicht ganze Bestände vernichtet werden. So konnten bisher die erkannten Befallsherde in Zentraleuropa eliminiert werden.

Der Asiatische Marienkäfer

Der erfolgreiche Läusevertilger

Er ist größer, farbiger und gefräßiger als unsere einheimischen Marienkäfer, wie der Siebenpunkt-Marienkäfer (*Coccinella septempunctata*) oder der Zweipunkt-Marienkäfer (*Adalia bipunctata*), die immer jeweils die gleiche Anzahl schwarzer Flecken auf ihrer Flügeldecke tragen. Beim zugewanderten Asiatischen Marienkäfer (*Harmonia axyridis*) variiert diese Zahl von zwei bis überwiegend neunzehn. Die asiatischen Käfer weisen eine Länge von sechs bis acht Millimetern auf und werden fünf bis sieben Millimeter breit. Ihre Färbung ist extrem variabel und reicht von hellgelb bis dunkelrot. Das Halsschild ist weiß bis gelblich und trägt eine schwarze W-Markierung. Wegen dieser Farbvarietäten wird der Käfer auch Harlekin-Käfer genannt. Übrigens können Asiatische Marienkäfer bis 250 Läuse am Tag verzehren(die einheimischen nur 50), nehmen aber auch andere kleine Insekten zu sich. Dabei fressen sie auch Larven der eigenen Art – das tun die einheimischen auch. Wenn aber die einheimischen Marienkäfer Larven des Asiatischen Marienkäfers fressen, können sie durch eingeschleppte Parasiten sterben. Dabei handelt es sich um Microsporidien, pilzähnliche Einzeller, gegen die der Asiatische Marienkäfer immun ist. Es sind also verschiedene Faktoren, die auf Dauer die einheimischen Marienkäferarten bedrängen und auch verdrängen können.
Nach der Winterpause legen die Weibchen des Asiatischen Marienkäfers ihre Eier auf von Blattläusen befallene Pflanzen ab. Die Larven schlüpfen nach fünf Tagen und benötigen drei Häutungen innerhalb von zwei Wochen, um sich zu verpuppen und dann nach weiteren fünf Tagen als Imagos, geschlechtsreife Käfer, zu schlüpfen. Eingeführt wurden die Käfer zuerst zu Beginn des 20. Jahrhunderts in Kalifornien, um dort in Gewächshauskulturen Läuse zu vertilgen. Weitere Einfuhren folgten, weil sich die Methode als erfolgreich erwies. Doch entschlüpften Käfer, die sich inzwischen durch ihre hohe Reproduktionsrate längst weltweit verbreitet haben.

Die Asiatische Tigermücke

Ist am Oberrhein angekommen

Die Asiatische Tigermücke (*Aedes albopictus*) entstammt den südostasiatischen Tropen und Subtropen. Diese Stechmückenart gilt als gefährlicher Krankheitsüberträger unter anderem für das Zika-Virus, gegen das es noch keinen Impfstoff gibt, und das Dengue-Virus, das für infizierte Personen auch tödlich verlaufen kann.
Die Tigermücke ist eine zwei bis höchstens zehn Millimeter lange, schwarzweiß geringelte Mücke mit einer mittig verlaufenden weißen Linie am Kopf, die sich über den Brustkorb fortsetzt. Sie entschlüpft einem 0,5 Millimeter langen Ei, durchläuft vier Larvenstadien und ein Puppenstadium, in dem sie sich in das erwachsene Tier umwandelt. Tigermücken ernähren sich von Pflanzensäften, die weiblichen Tiere benötigen aber eine Blutmahlzeit zur Entwicklung ihrer Eier. Sie sind dabei auch tagaktiv. Die Ablage der um die hundert Eier erfolgt in mehreren Zyklen in Wasseransammlungen, wie man sie etwa in Astlöchern vorfindet, und in städtischem Bereich in Dachrinnen, Pfützen, Vogeltränken, Regentonnen oder auch in nassen Autoreifen. Eines der wesentlichen Verbreitungsvehikel sind wasserhaltige gebrauchte Autoreifen, in denen austrocknungsresistente Eier auf dem Seeweg um die Welt transportiert werden. Als wärmeliebende Insektenart hat sich die Asiatische Tigermücke über den gesamten tropischen und subtropischen Lebensraum der Erde ausgebreitet, in Europa erst südlich der Alpen. Hier hat sie sich schon an die klimatischen Bedingungen angepasst, indem im Herbst gelegte Eier überwintern, sodass die Larven erst im nächsten Frühjahr schlüpfen. Auch in Deutschland tritt sie mittlerweile vom Süden her regelmäßig auf, so vor allem im Oberrheingebiet. Die durch den Klimawandel herbeigeführten heißen Sommermonate haben ihre Verbreitung unterstützt. Übrigens wurden im Jahr 2023 erstmals Infektionen mit dem Dengue-Virus am Gardasee festgestellt.

Das Atlas-Streifenhörnchen

Es polarisiert wie kaum ein anderes Tier

Es war ein Bewohner von Gran Tarajal, der 1965 in Marokko ein Pärchen Atlas-Streifenhörnchen (*Atlantoxerus getulus*) erwarb, um die possierlichen Tiere zu Hause auf Fuerteventura im Käfig zu halten. Das Männchen büxte aus, blieb aber in der Nähe des Wohnhauses, wo es aus seinem neuen Wohnplatz unter Steinen hervorkam, wenn die Hühner gefüttert wurden. Seine Frau ließ dann auch das zweite Tier frei, das gleichermaßen in der Nähe des Wohnhauses blieb. Wenig später konnte das Ehepaar in einem Nest in den Steinen Nachwuchs beobachten.

Das ursprüngliche Verbreitungsgebiet des Atlas-Streifenhörnchens erstreckt sich über das Gebiet des Atlas-Gebirges von Algerien über Marokko bis zur Westsahara. Dort leben die Tiere in steinigen und trockenen Habitaten mit spärlicher Vegetation aus Gebüschen, die reichlich Versteckmöglichkeiten bieten. Besonders bevorzugen die schwerpunktmäßigen Vegetarier, die gelegentlich auch Schnecken zu sich nehmen, aber Insekten und Reptilien meiden, Steinwälle um Landwirtschaftsflächen als ihren Lebensraum. Diese bieten ihnen Versteckmöglichkeiten, denn sie müssen sich vor ihren Fressfeinden schützen. Dazu gehören die Sandkatze und die Falbkatze, der Schakal, der Rüppellfuchs, Schlangen wie die Kobra, Vipern und Nattern, sowie der Adlerbussard und der Steinadler. Diese Fressfeinde fehlen auf den Kanaren. Auf Fuerteventura vermehrten sich die Atlas-Streifenhörnchen rasant. Schon zwanzig Jahre nach der Einführung gab es 300.000 dieser Tiere, heute schätzt man ihren Bestand auf eine Million. Auch Touristen sind an ihrer Ausbreitung beteiligt, sie füttern die possierlichen Tierchen, die von ihnen nichts zu befürchten haben. Die Streifenhörnchen engen nicht nur das knappe Nahrungsangebot Fuerteventuras für endemische Tiere ein, sondern sind gleichermaßen auch Landwirtschaftsschädlinge. Übrigens konnte man sie von Gran Canaria wieder vertreiben, was auf Fuerteventura wohl nicht mehr möglich ist.

Die Auwaldzecke

Auch Winterzecke genannt

Zugewandert aus den Feuchtgebieten Osteuropas hat sich die Auwaldzecke (*Dermacentor reticulatus*) in letzter Zeit in Deutschland verbreitet. Vermehrt gesichtet werden die kleinen Blutsauger in Gärten und Parks, sie leben darüber hinaus in offenen, nicht zu trockenen, von hochwüchsigen Gräsern bewachsenen und mit Buschwerk durchsetzten Flächen. Im Gegensatz zum Gemeinen Holzbock (*Ixodes ricinus*), der in Deutschland flächendeckend verbreiteten Zeckenart, ist die Ausbreitung der Auwaldzecke eher lokal begrenzt. Dort wartet sie in 30 Zentimetern bis einen Meter Höhe auf Gräsern oder in Büschen auf ihre nächste Beute. Hauptverbreitungsgebiete sind der Osten und Südwesten Deutschlands. Inzwischen gibt es Fundmeldungen aus allen Bundesländern. Was die Auwaldzecke so problematisch macht, ist ihre ganzjährige Aktivität. Bereits ab 4° Celsius macht sie sich auf die Suche nach Wirtstieren, die sie stechen kann. Während der Holzbock Kälteruhe einhält, erweitert sich so die Zeitspanne der durch Zecken übertragenen Krankheiten. Bei der Auwaldzecke ist dies die Frühsommer-Meningoenzephalitis (FSME), die in den meisten Fällen für den Menschen harmlos verläuft, in schweren Fällen aber Gehirnhautentzündungen und Rückenmarksschädigungen verursacht. Noch gefährlicher ist jedoch die Babesiose, eine auch Hundemalaria genannte Infektion, die man früher nur aus dem Ausland kannte. Sie verursacht hohes Fieber und kann für Hunde unbehandelt zum Tode führen.
Die bis fünf Millimeter große Auwaldzecke gehört zur Gattung der Buntzecken, wie man am marmorierten Rückenschild erkennt. Als Larven suchen sie sich zum Blutsaugen kleinere Wirte, häuten sich zu Nymphen, suchen einen neuen Wirt, häuten sich zu ausgewachsenen Zecken und benötigen als geschlechtsreife Zecken dann noch das Blut eines Wirts für die Fortpflanzung.

Der Bastard-Knöterich

Schwierig zu eliminieren

Der Bastard-Flügelknöterich (*Fallopia × bohemica)* ist eine vermehrungsfähige Hybride aus dem Japanischen Staudenknöterich (*Fallopia japonica*) und dem Sachalin-Staudenknöterich (*Fallopia sachalinensis*). Er ist in seiner ostasiatischen Heimat auf natürliche Weise entstanden. Erstmals beschrieben wurde er 1983 in Böhmen, weshalb er auch Böhmischer Staudenknöterich heißt. Die Pflanze wurde im 19. Jahrhundert gezielt durch den deutschen Arzt und Botaniker Philipp Franz von Siebold (1796–1866) als Zierpflanze aus Japan nach Europa eingeführt (siehe auch Kapitel „Die Garten-Hortensie“). Inzwischen ist die Riesenstaude mit ihrem expansiven Wachstum zu einem Problemfall geworden.

Die bis zu vier Meter hohe Pflanze hat große, breite, schmal eiförmige Blätter, die hart, aber nicht ledrig sind. An der Unterseite sind sie kaum sichtbar leicht behaart. Die Rispenblüten sind weiß, die weiblichen in alle Richtungen abstehend, die männlichen an langen Zweigen aufrecht stehend. Der Bastard-Knöterich tritt in Massenbeständen an Straßen- und Wegrändern, Flüssen und Bächen, Waldrändern und auf Brachflächen auf und dringt in andere Staudenfluren ein, die nachhaltig bedrängt werden. Für seine rasche Ausbreitung sind die unterirdischen, meist horizontal verlaufenden Rhizome verantwortlich. Sie bilden Sprossen und neue Rhizome, sodass sich der Bestand bis zu einem Meter im Jahr ausdehnen kann. Selbst kleinste Rhizomteile können wieder austreiben. Ihr hohes Verbreitungspotenzial lässt sie in Parkanlagen, auf Spielplätzen und in Privatgärten wuchern.

Die Eliminierung des Bastard-Knöterichs ist schwierig. Meist wird das Problem erst erkannt, wenn sich dieser invasive Neophyt schon flächig ausgebreitet und dominante Bestände gebildet hat. Ausgraben ist wegen der bis zu zwei Meter tiefen Rhizome schwierig und kaum zu leisten. Mehrjährige Schafbeweidung scheint zu helfen. Vor allem müssen Neuanpflanzungen vermieden werden.

Die Beifuß-Ambrosie

Hochallergen

Die Pollen der Beifußblättrigen Ambrosie, kurz Beifuß-Ambrosie (*Ambrosia artemisiifolia*) genannt, zählen zu den stärksten Allergie-Auslösern. Schon kleinste Pollenmengen können zu schweren heuschnupfenartigen Symptomen oder gar zu Asthma führen. Sie wirken stärker allergen als alle anderen in Deutschland bekannten Gräser- und Baumpollen. Ihre Verbreitung stellt daher ein Gesundheitsrisiko dar.
Die einjährige krautige Beifuß-Ambrosie erreicht Höhen von eineinhalb Metern. Ihr Wurzelsystem ist faserig. Der leicht behaarte Stängel ist zunächst grün, dann bräunlich, und verzweigt sich. Seine doppelt fiederteiligen Laubblätter sind unten gegenständig und weiter oben wechselseitig angeordnet. Die Pflanze blüht grün-gelblich in körbchenförmigen Blütenständen ab Mitte Juli bis in den September hinein. Der traubenförmige männliche Blütenstand befindet sich am Ende des Stängels und der Seitenzweige. Die weiblichen Blütenkörbchen sind in Knäueln in Blattachseln gewöhnlich unterhalb der männlichen Blütenstände angeordnet. Insgesamt produziert die Beifuß-Ambrosie bis zu eine Milliarde Pollenkörner, was ihre allergene Aggressivität erklärt. Durch ihre späte Blüte bis September/Oktober
((@red: i.O.?)) verlängert sich die Pollensaison um zwei Monate. Die Pflanze kann mehrere Zehntausend Samen erzeugen, die als sogenannte Wärmekeimer bis vierzig Jahre lang keimfähig sind. Einst waren sie nicht frostresistent, doch seit einer Mutation macht ihnen die Kälte nichts mehr aus. Seither kann sich die Pflanze aus eigener Kraft vermehren, sicherlich auch gefördert durch den Klimawandel. Von Süddeutschland ausgehend verbreitet sie sich immer weiter auf ihren bevorzugten Lebensräumen wie Äckern und Schnittblumenfeldern, landwirtschaftlichen Stilllegungsflächen, Baustellen sowie Straßenrändern und Gärten – denn die Hauptverbreitung erfolgt durch Vogelfutter, das Ambrosiensamen enthalten kann.

Der Bienenfresser

Der bunteste aller Vögel

Im Jahr 1834 gab es einen ersten Brutnachweis des Bienenfressers (*Merops apiaster*) in Deutschland. Es gab immer wieder sporadische Bruten, doch seit 1982 sind sie dauerhaft vertreten. In letzter Zeit hat sich im Zuge des Klimawandels der Lebensraum des Bienenfressers in Mitteleuropa erheblich ausgeweitet. Heute geht man von weit über 5.000 Brutpaaren in den wärmeren Regionen Deutschlands aus. Ihre weltweite Verbreitung reicht von Zentralasien über Südeuropa bis Südafrika. Als Zugvögel nehmen sie für den Winter die Westroute über das Mittelmeer bis Südafrika, sie fliegen Ende Juli ab und kehren Ende Mai zurück. Sie bauen ihre Bruthöhlen in warmen, trockenen Hängen, am liebsten an Abbruchkanten aus Löss und Lehm. Es ist ein besonderes Schauspiel zu sehen, wie sich die Männchen bei der Balz anstrengen, um den Weibchen mit Brautgeschenken in Form von großen gefangenen Insekten zu imponieren. Dabei sind sie auch sehr stimmfreudig mit „prüt prüt"-Rufen. Sie führen eine Saisonehe für eine Brut im Jahr. Im besten Fall dauert die Brutzeit zwanzig Tage, meist etwas länger. Nach gut weiteren zwanzig Tagen sind die Jungvögel flügge. Ihre Nahrung besteht aus Insekten, die sie von einem Ansitz aus im Flug fangen. Bienen wird der Stachel mit der Giftdrüse herausgeschlagen.

Das Auffallendste am Bienenfresser ist die Farbenpracht seines Gefieders. Mit einer Körperlänge von 25 bis 29 Zentimetern und einer Flügelspannweite von 36 bis 40 Zentimetern ist er einer der buntesten und nicht zu verwechselnden einheimischen Vögel. Sein Bauch- und Brustbereich ist türkis, Scheitel, Nacken und Flügeloberseite sind rostbraun, die Flügel ebenfalls. Die Unterseite und der Schwanz sind leuchtend blau. Ein schwarzer Augenstreif zieht sich über der leuchtend gelben Kehle entlang. Bei den Altvögeln sind die mittleren Schwanzfedern verlängert, bei den Jungvögeln, die insgesamt blasser gefärbt sind, müssen sie erst heranwachsen.

Die Bisamratte

Von Amerika aus über ganz Eurasien verbreitet

Fürst Joseph Colloredo-Mansfeld, ein böhmischer Adeliger italienischer Herkunft, brachte 1905 von einer Jagdreise nach Kanada fünf Bisamratten mit und setzte sie im heutigen Tschechien aus. Von dort aus verbreiteten sich die Tiere schnell über ganz Mitteleuropa. Weitere Aussetzungen seit den 1920er-Jahren führten zur Besiedlung der Biberratte über fast ganz Eurasien.
Der Bisam (*Ondatra zibethicus*) gehört zoologisch zu den Wühlmäusen. Seine Ähnlichkeit mit Ratten hat ihm den Namen Bisamratte gegeben. Tatsächlich verdankt er seinen Namen einem nach Moschus duftenden Sekret des Männchens, das „Bisam“ (lat. = *bisamum*) heißt. Der Bisam hat eine Körperlänge von etwas über dreißig Zentimetern, dazu kommt der zwanzig Zentimeter lange Schwanz. Bisamratten werden kaum älter als drei Jahre, wobei sie nicht an Altersschwäche sterben, sondern infolge der Abnutzung ihrer Zähne bis auf das Zahnfleisch, wodurch sie verhungern. Sie führen eine semiaquatische Lebensweise an stehenden und leicht fließenden Gewässern, wo sie an Uferböschungen ihre Wohnröhren und Tunnelsysteme bauen. Der gedrungene Körper trägt ein dunkel- bis kastanienbraunes Fell, das an den Seiten heller wird und am Bauch in weiß-grau übergeht. Bisamratten ernähren sich überwiegend vegetarisch von Rohrkolben und Schilfrohr, greifen aber auch auf Muscheln zu. So können sie Wasserpflanzen- und ganze Muschelbestände gefährden. Bis zu dreimal im Jahr werfen die Weibchen fünf und mehr Junge, die schon im nächsten Jahr geschlechtsreif sind. Fuchs, Fischotter und Uhu sind ihre Fressfeinde, die aber angesichts der hohen Vermehrungsrate die Bisampopulation nicht vermindern können. Doch trotz allem wird auch die Meinung vertreten, dass der Bisam in seinen neuen Lebensräumen nicht oder nicht mehr besetzte Biotope besiedelt. Dennoch – wo der Bisam Uferbefestigungen oder Muschelbestände schädigt, muss gegen ihn vorgegangen werden.

Der Blaubandbärbling

Kam über die Donau nach Mitteleuropa

Der Blaubandbärbling (*Pseudorasbora parva*) ist ein Fisch aus der Familie der Karpfenfische und der einzige Vertreter seiner Gattung *Pseudorasbora* in Europa. Der hochrückige Fisch wird bis zehn Zentimeter groß, die Weibchen bleiben etwas kleiner. Sein kleines Maul ist oberständig und kann ausgestülpt werden. Und obwohl er ein Karpfenartiger ist, hat er keine Barteln. Seine Grundfarbe ist grünlich-grau mit einem dunklen Seitenstreifen. Entlang dieser Linie lassen sich fast vierzig Schuppen zählen. Dabei sind die Fische aber sehr variabel in ihrem Äußeren. Zur Laichzeit bilden sich beim Männchen als Laichausschlag bezeichnete helle Warzen am Kopf. Die Fische sind sehr widerstandsfähig und tolerieren Temperatur- und Sauerstoffschwankungen und kommen sogar in eutrophierten Gewässern zurecht. Das ermöglicht ihre Existenz in unterschiedlichsten Habitaten, wie Kanälen, Teichen, Gräben oder kleinen Bächen. Voraussetzung ist viel pflanzliches Plankton – ihre Hauptnahrung neben kleinen Wirbellosen und Pflanzenteilen. Ihre Lebensdauer beträgt drei Jahre. Ihre Laichzeit ist der frühe Sommer, in dem die Weibchen die Eier portionsweise in Laichgruben an Steinen oder Pflanzen ablegen. Diese Laichgruben werden von den Männchen angelegt, die dann auch das Gelege verteidigen.

Die ursprüngliche Heimat der Blaubandbärblinge ist das ostasiatische Sibirien über China bis Korea. Sie wurden möglicherweise in den 1980er-Jahren zusammen mit Graskarpfen von China nach Rumänien gebracht, von wo aus sie über den Rhein-Main-Donau-Kanal nach Mitteleuropa wanderten. Schon wenig später gab es erste Nachweise in Deutschland. Das enorme Reproduktionspotenzial dieser Fische mit bis zu dreimaligem Laichen im Jahr hat so ihre schnelle Ausbreitung möglich gemacht. Ihre Toleranz gegenüber unterschiedlichsten Umweltbedingungen kann sie zur dominanten Fischart machen, wodurch sie zu Nahrungskonkurrenten für heimische Wasserbewohner werden.

Die Blaukrabbe

Trotz Wärmebedürfnis bald heimisch?

Die Blaue Schwimmkrabbe (*Callinectes sapidus*), einfach auch Blaukrabbe genannt, lebte ursprünglich in den Mündungsgebieten der Flüsse an der Atlantikküste Nord-, Mittel- und Südamerikas, heute auch in europäischen Gewässern. Man findet die großen Krebstiere in sandigen und schlammigen Böden in Tiefen bis 30 Meter. Ihr Panzer ist bis 20 Zentimeter breit und bis 10 Zentimeter lang, wobei die Männchen etwas größer sind als die Weibchen. Die Grundfarbe ist gräulich-bräunlich mit bläulicher Schattierung. Die Bauchseite ist hell. Blaukrabben besitzen fünf Beinpaare, die ebenfalls bläulich changieren. Das erste Beinpaar ist zu zwei unterschiedlich großen Scheren ausgebildet, die bei den Männchen bläulich und bei den Weibchen rötlich schimmern. Nach drei Laufbeinen zeigt sich das fünfte Paar paddelförmig zur Fortbewegung im Wasser. Zwischen den gestielten Facettenaugen befinden sich zwei Fühler. Als Allesfresser ernähren sich Blaukrabben von Muscheln, anderen Krebstieren, Würmern, Fischen, Pflanzen und zur Not auch von Aas, und sind damit Nahrungskonkurrenten zu anderen Krebstieren. Zum regelmäßigen Häuten verziehen sich die Blaukrabben in Schlamm und Seegras. Nach etwas über einem Jahr sind sie geschlechtsreif. Wenn sich das Weibchen gehäutet hat, ist ihr Panzer noch weich, was das Männchen zur Befruchtung nutzt. Damit ist das Weibchen ein Leben lang mit Spermien versorgt. Ein halbes Jahr nach der Paarung werden Millionen von Eiern abgegeben. Die Larven schlüpfen im offenen Wasser und ziehen dann wieder in Flachgewässer. Sie sind ausgesprochen wärmebedürftig, wohingegen die erwachsenen Tiere Temperaturen von 10° Celsius vertragen.
In das Mittelmeer gelangten die Blaukrabben über den Suezkanal, wo sie den Fischern Probleme bereiteten, da sie die Netze durchschnitten und den Fang fraßen – bis die Fischer lernten, Blaukrabben als Delikatesse zu vermarkten. Als Delikatesse gelten sie in Amerika schon immer. Nach Europa gelangten die Blaukrabben wohl über Ballastwasser. Ein erster Fund wurde 2023 sogar aus der Ostsee gemeldet!

Die Bläulingszikade

Weltweit verschleppt

Die Bläulingszikade (*Metcalfa pruinosa*) wird auch Amerikanische Zikade genannt, weil sich ihr ursprüngliches Verbreitungsgebiet an der amerikanischen Ostküste von Kanada bis zum Hochland von Mexiko erstreckt. Die adulten Tiere werden bis acht Millimeter groß. Sie sind zunächst weißlich gefärbt und changieren später durch eine Schicht von Wachspartikeln von weiß-grau bis bläulich. Dann erscheinen an der Basis des Vorderflügels dunkle und auf den Flügeldecken weißliche Flecken. Die Flügel selbst erscheinen am Ende wie gerade abgeschnitten. Ihre Larven durchlaufen fünf Entwicklungsstadien, wobei die beiden letzten als Nymphen schon Flügelansätze zeigen. Diese produzieren reichlich Wachswolle. Durch ihre Sprungfähigkeit unterscheiden sie sich von ähnlich aussehenden Tieren wie Wollläusen und Blutläusen. Mit dem Mundwerkzeug piercen sich Nymphen und adulte Tiere in ihre Wirtspflanze ein, um ihren Saft zu saugen. Die Fortpflanzung erfolgt einmal im Jahr. Die adulten Tiere erscheinen am Ende des Sommers, paaren sich und legen an die hundert Eier ab, die überwintern. Was ihre Wirtspflanzen anbetrifft sind die Bläulingszikaden nicht wählerisch. An die dreihundert wurden schon erkannt, darunter hauptsächlich Laubgehölze, auch Weinreben, seltener krautige Pflanzen.

Inzwischen ist die Bläulingszikade in weite Teile der Erde verschleppt worden. Ihr Einzug in Europa erfolgte in den 1970er-Jahren über Italien. In Deutschland ist sie im Süden seit 2012 vertreten und breitet sich seither weiter aus. Die stechende und saugende Nahrungsaufnahme der nachtaktiven Zikaden verursacht Schäden an den Wirtspflanzen, was sich an Kulturen wie Sonnenblumen, Mais oder Soja, insbesondere aber beim Massenauftreten der Zikaden an Zitruspflanzen, verschiedenen Obstsorten und Weinreben negativ bemerkbar macht. Auch fördert ihre starke Honigtaubildung die Entwicklung von Rußtaupilzbelägen an den Wirtspflanzen. Der Honigtau, wie die Ausscheidungen von an Pflanzen saugenden Insekten genannt werden, ist aber andererseits für Bienen eine ideale Grundlage zur Produktion von Honigtauhonig, was Imker durchaus zu schätzen wissen.

Das Brasilianische Tausendblatt

Schön, aber invasiv

Das Brasilianische Tausendblatt (*Myriophyllum brasiliense*) ist eine sommergrüne Staude, die ganz oder teilweise im Wasser gedeiht. Ihr Verbreitungsgebiet ist das tropische Südamerika, wo sie in Seen und Flüssen mit geringer Fließgeschwindigkeit vorkommt. Sie wird in Deutschland wegen ihrer attraktiven Blätter seit mehr als hundertfünfzig Jahren kultiviert, man trifft sie hier wie in anderen europäischen Ländern bereits verwildert an. Die Stängelpflanze erinnert mit ihren in Quirlen fein gefiederten Blättern an eine Papageienfeder, woher ihr zweiter deutscher Name „Papageienfeder" stammt. Sie wird gerne als Aquarienpflanze und seltener als Zierpflanze für Teiche verkauft, muss dann aber frostfrei überwintert werden.

Das Brasilianische Tausendblatt ist eine aufrechte Staude, die bis vierzig Zentimeter hoch wird und sich bis zu achtzig Zentimeter ausbreitet. Ihre dicht stehenden blaugrünen Blätter verfärben sich im Herbst an der Wasseroberfläche rötlich. Ihre unscheinbaren rosa Blüten erscheinen von Juli bis September. Als mehrjährige, amphibische Wasserpflanze treibt sie sowohl Bodenwurzeln aus als auch sich frei im Wasser bildende Adventivwurzeln. Im Winter überdauern ausschließlich die Rhizome, aus denen die Pflanze im Frühjahr austreibt. Außerdem dienen die Rhizome als Stützapparat. In Deutschland hat sich die Pflanze im Einzugsgebiet des Rheins, so auch über den Main, den Neckar und den Rhein sowie in einzelnen Binnengewässern ausgebreitet. Da dem Brasilianischen Tausendblatt in seinen neuen Lebensräumen Fressfeinde fehlen, kann es sich dominant entwickeln und die Wasseroberfläche mit einem dichten Teppich aus miteinander verschlungenen Trieben bedecken. Zunächst beeinträchtigt der daraus resultierende Lichtmangel alles Leben im Wasser und im Laufe von Jahren erstickt es seine Umgebung durch die winterliche Zersetzung seiner Biomasse. Das Brasilianische Tausendblatt gilt daher in der Europäischen Union als invasiv.

Die Braune Nachtbaumnatter

Hat auf Guam fast die ganze Vogelwelt vernichtet

Die in Australien, Indonesien, Papua-Neuguinea und den Salomonen beheimatete Braune Nachtbaumnatter (*Boiga irregularis*) wurde während des Zweiten Weltkriegs durch Militärtransporte nach Guam gebracht, wo sie den denkbar größten Schaden an der einstigen biologischen Vielfalt der Insel angerichtet hat. Offensichtlich ist sie in der Lage, sich in Schiffsladeräume und sogar in Radkästen von Flugzeugen einzuschleichen, wodurch es ihr gelang, ihr Verbreitungsgebiet über Guam hinaus bis nach Mikronesien, Hawaii, auf das Festland der Vereinigten Staaten und nach Spanien auszuweiten.
Auf Guam war der Schaden deshalb so groß, weil sich die Natter dort mangels Fressfeinden explosionsartig vermehren konnte. Ihr Nahrungsspektrum ist weit und reicht von Echsen über Frösche, kleine Säugetiere bis hin zu Vögeln und Vogeleiern – all das fand sie auf der Insel vor. Männchen werden bis zwei Meter, Weibchen bis drei Meter lang. Am Gebiss fallen die verlängerten hintersten Zähne auf, die zur Giftübertragung mit einer Rille versehen sind. Dabei spielt das Gift für den Beutefang keine Rolle. Die Beute wird mit den großen Augen oder der Zunge wahrgenommen und direkt geschluckt, große Beute bis zu siebzig Prozent des Eigengewichts auch erwürgt. Das Gift selbst dient der Verteidigung mit blitzartigem Zubeißen und ist für den Menschen nicht tödlich. Innerhalb kürzester Zeit haben die Braunen Nachtbaumnattern achtzig Prozent aller Vogelarten auf Guam ausgerottet, darunter zehn der zwölf endemischen Arten. In der Folge ist durch das Fehlen von Vögeln auch die Samenverbreitung über die Insel beeinträchtigt. Jetzt versucht man durch Hubschrauberabwürfen von mit Paracetamol vergifteten Mäusen der Plage Herr zu werden, denn der Wirkstoff ist für die Nattern tödlich. Man versieht die Mäuse mit kleinen Fallschirmen, die im Geäst der Bäume hängen bleiben, eben dort, wo sich die Schlangen aufhalten. Aber auch auf natürliche Weise geht der Natternbestand zurück, weil ihre Nahrungsgrundlage inzwischen dezimiert ist.

Der Buchsbaumzünsler

Frisst sich durch den Buchsbaum

Es ist noch gar nicht so lange her, dass der Buchsbaumzünsler (*Cydalima perspectalis*) vermutlich mit Buchsbaumlieferungen aus Ostasien nach Mitteleuropa eingeschleppt worden ist. Seine Raupen sind es, die durch Kahlfraß Schäden an den Buchsbäumen verursachen.

Der Buchsbaumzünslerfalter erreicht eine Flügelspannweite von vier Zentimetern. Seine Vorder- und Hinterflügel sind seidig weiß gefärbt und mit einem bräunlichen Saum versehen. Die Raupen sind fünf Zentimeter lang, gelbgrün, tragen schwarze und weiße Streifen, haben dazu schwarze Punkte und weiße Borsten. Die kurzlebigen Falter vollziehen Paarung und Eiablage innerhalb einer Woche. Das Weibchen legt rund 150 Eier in 20er Gelegen ab. In Ostasien schafft ein Zünsler vier Generationen, in Mitteleuropa immerhin noch zwei. Die zweite Generation überwintert und ernährt sich gezielt vom Gewöhnlichen Buchsbaum (*Buxus sempervirens*), der vermutlich mit den Römern nach Mitteleuropa gelangte, weniger von den aus Asien stammenden Arten *Buxus microphylla* und *Buxus sinica*. Bei starkem Befall sehen die Pflanzen aus, als seien sie abgestorben. Das veranlasst die Baumbesitzer, sich neue Pflanzen anzuschaffen, die aber wahrscheinlich auch befallen werden.

Fressfeinde haben die Buchsbaumzünsler bei uns: Spatzen, Meisen, Buchfinken und Wespen. Sie alle können aber kaum etwas gegen die hohe Vermehrungsrate der Insekten ausrichten, zumal diese auch bevorzugt im Inneren der Pflanze ihr Unwesen treiben. Es gibt eine Reihe biologischer und chemischer Bekämpfungsmaßnahmen, die alle nur bedingt wirksam sind, zudem schädliche Wirkung haben können. Am effektivsten ist die mechanische Bekämpfung, indem man die Raupen einzeln vom Buchsbaum absammelt. Das ist eine mühsame Arbeit, bei der die Früherkennung des Befalls wichtig ist, um rechtzeitig eingreifen zu können.

Die Buschmücke

Sticht auch tagaktiv wie die Tigermücke

In Deutschland sind an die fünfzig Mückenarten nachgewiesen, drei davon sind zugewandert. Neben der Tigermücke ist es die Buschmücke *(Aedes Hulecoeteomyia)*, die wegen ihrer Herkunft aus Japan und Korea wie auch aus kühleren Regionen Chinas „Japanischer Buschmoskito" genannt wird. Dort ist sie mit vier Unterarten vertreten. Sie gilt wie die Tigermücke (siehe Kapitel „Asiatische Tigermücke") als Krankheitsüberträger und verbreitet das West-Nil-Virus und verschiedene Arten von Enzephalitis-Viren, die für den Menschen relevant sind. Seit der Jahrtausendwende breitet sich die Buschmücke rasant in Mitteleuropa aus. Im Süden Deutschlands ist sie auch schon angekommen. An einzelnen Fundstellen kommt sie bereits häufiger vor als die heimischen Stechmücken. Dabei verdrängt sie einheimische Arten. Das macht sie zur invasiven Art.

Während die Tigermücke in etwa so groß ist wie unsere heimische Gemeine Stechmücke *(Culex pipiens)*, ist die Buschmücke deutlich größer. Beide Mückenarten weisen eine schwarz-weiße Musterung am Körper und an den Beinen auf. Der deutliche Unterschied besteht darin, dass die Tigermücke eine weiße Linie auf dem Rücken hat und auch an den Enden der Hinterbeine weiß ist. Die Gemeine Stechmücke sieht dagegen eher bräunlich aus. Auch hat die Buschmücke kürzere Fühler. Beide invasiven Mücken sind aggressiv im Verhalten und dabei auch tagaktiv, während heimische Stechmücken vorwiegend abends oder nachts stechen.

Wenn man sich vor den auch tagaktiven Mücken schützen will, müssen alle noch so kleinen Wasseransammlungen rund um das Haus trockengelegt werden. Oft reichen schon Pfützen in der Dachrinne aus. Im Sommer benötigt die Mücke für die Entwicklung als abgelegtes Ei über das Larvenstadium bis zum adulten Stechinsekt nur eine Woche. Werden also solche Wasseransammlungen spätestens jede Woche beseitigt, können die Mücken nicht im Umfeld des Hauses schlüpfen. Das hält auch die heimischen Stechmückenarten fern.

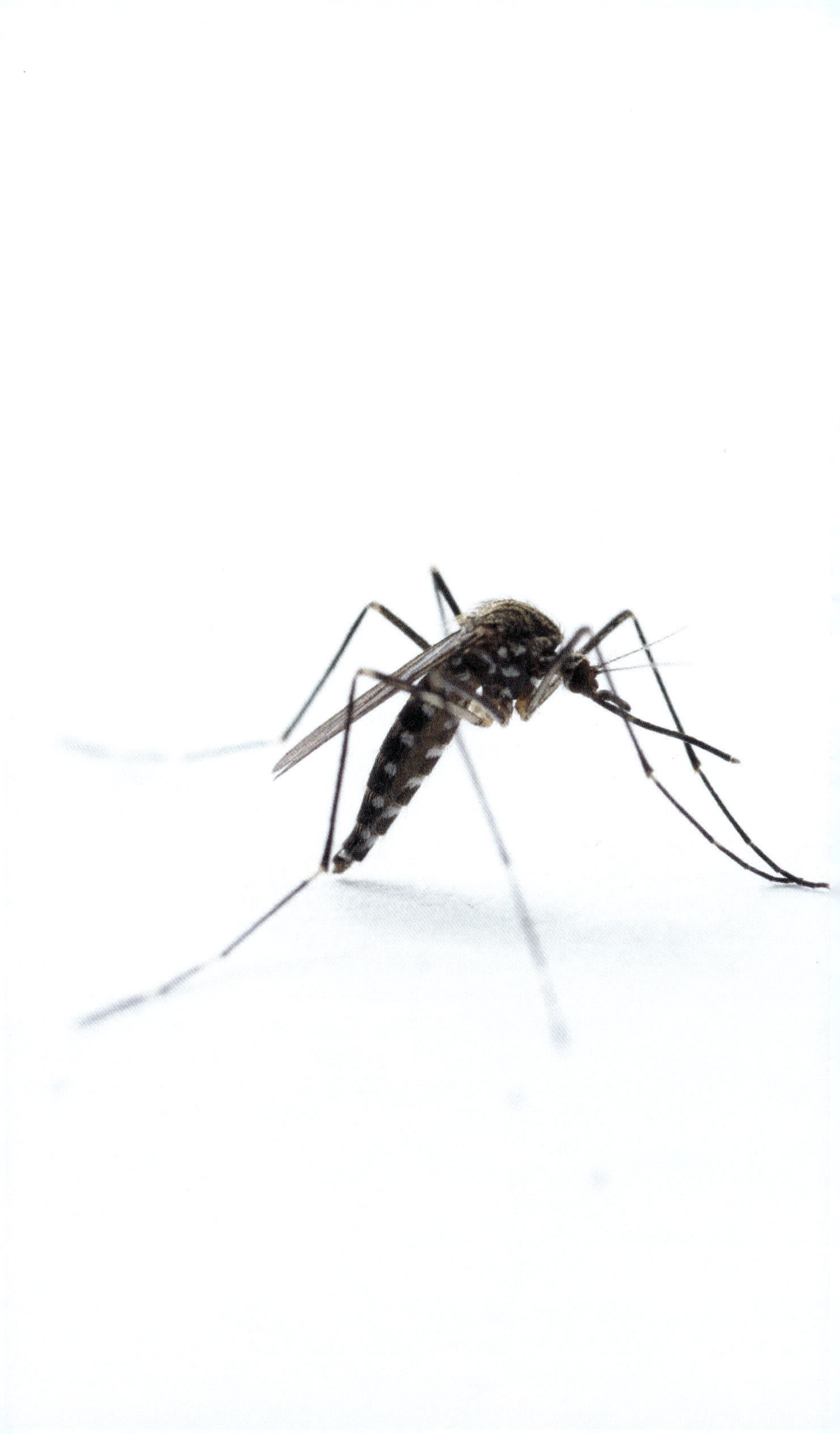

Der Chilenische Riesen-Rhabarber

Auch Mammutblatt genannt

Als Gigant unter den Stauden trägt der Riesen-Rhabarber (*Gunnera manicata*) seinen Namen aufgrund seiner Ähnlichkeit mit unserem heimischen Rhabarber, mit dem er aber botanisch nicht verwandt ist und dessen Erscheinungsbild er um ein Vielfaches übertrifft. Allein die Größe seiner Blätter trägt ihm die Bezeichnung „Mammutblatt" ein. Von Südbrasilien bis Chile werden seine Stängel wie Rhabarber geschält und gegessen.

Der Chilenische Riesen-Rhabarber wächst auf feuchten, grundwassernahen Böden bei milden Temperaturen und hat kaum Ansprüche, was Sonneneinstrahlung betrifft. Als ausladend, breit wachsende Pflanze erreicht er eine Wuchshöhe von zwei Metern bei einer Breite von 3,5 Metern und bildet an langem Stiel bis zu 1,5 Meter breite Blätter mit grob gesägtem Spreitenrand aus. Auf der Unterseite stützen sie kräftige Verstrebungen und Rippen, die sie vor Platzregen, Wind und Hagel schützen. Die Blätter erneuert die Pflanze als Staude nach jedem Winter. Anhaltende Kälte verträgt sie aber nicht. Der Austrieb beginnt nach dem Frost und währt etwa acht Wochen. Die kegelförmigen Blütenstände bleiben bodenständig. Sie werden bis zu einen Meter hoch und haben einen Durchmesser von 20 Zentimetern. Die Blütezeit ist von Juli bis August, dann werden Tausende kleine rotbraune bis grünliche, eingeschlechtliche Blüten ausgebildet. Sie bilden Samen aus, die nicht genießbar sind.

Mitte des 19. Jahrhunderts gelangten die ersten Chilenischen Riesen-Rhabarber in die botanischen Gärten Englands, wo sie bei milden Wintern attraktive Solitärpflanzen bildeten. Von hier aus verwilderten sie, haben aber in Mitteleuropa durch die gelegentlichen tiefen Minusgrade in den Wintern nie richtig Fuß fassen können. Auch pralle Sonne vertragen sie nicht. Als Garten- und Kübelpflanze überleben sie aber bei richtiger Abdeckung.

Der Chinesische Muntjak

In England schon verbreitet

Muntjaks sind kleine südostasiatische Hirsche. Ihre Männchen tragen ein einfaches Geweih aus Stangen mit ein oder nur zwei Enden. Charakteristisch sind ihre leicht gebogenen, zu Hauern verlängerten Eckzähne im Oberkiefer, die aus dem Maul herausragen. Einige ihrer Arten wurden erst vor Kurzem als eigenständig entdeckt und wissenschaftlich beschrieben. Der auch Zwergmuntjak genannte Chinesische Muntjak (*Muntiacus reevesi*) ist mit einer Schulterhöhe von 50 Zentimetern ihr kleinster Vertreter. Er wird achtzig Zentimeter lang. Dazu kommt ein kaum mehr als zehn Zentimeter langer Schwanz. Sein Gewicht beträgt höchstens fünfzehn Kilo, wobei die Weibchen etwas kleiner sind. Sie leben in Wäldern sowie in Busch- und Grassteppen der tropischen und subtropischen Bergländer Südchinas bis Taiwan in Höhen zwischen zweihundert und vierhundert Metern. Ihr Fell ist gelblich bis graubraun mit heller Fleckenzeichnung.

Chinesische Muntjaks ernähren sich vegetarisch und leben als Einzelgänger. Sie verteidigen ihre Reviere. Kommt es zwischen Männchen zu Revierkämpfen, werden die Eckzähne zum Angriff und das Geweih zur Verteidigung genutzt. Sie pflanzen sich ganzjährig fort. Nach gut zweihundert Tagen Tragzeit wird in der Regel nur ein Junges geboren, das vier Monate gesäugt wird. Schon nach sechs Monaten verlassen die männlichen Jungtiere ihre Mutter.

Ende des 19. Jahrhunderts entflohen einige Chinesische Muntjaks aus dem Woburn-Park in Bedfordshire. Weitere wurden wohl zur Jagd ausgesetzt. Seitdem vermehren sich die Tiere nicht nur im Südosten Englands rasant. Hier, wo es keine Tiger, Wildhunde, Krokodile und Riesenschlangen gibt, hat sich ihr Bestand bereits auf 50.000 Tiere ausgeweitet und verdrängt andere Tierpopulationen. Auch im Norden Deutschlands wurden schon die ersten Tiere gesichtet. Wie sie dorthin gelangten, ist unbekannt. Wahrscheinlich handelt es sich um ausgesetzte Exemplare.

Die Dickstielige Wasserhyazinthe

Ein schnell wachsendes „Unkraut“

Wegen ihrer lila Blütenpracht wurde die Dickstielige Wasserhyazinthe (*Eichhornia crassipes*) als Zierpflanze für botanische Gärten Ende der 1880er-Jahre aus Brasilien nach Europa eingeführt. In der neueren Zeit sind auch absichtliche Ausbringungen im Freiland erfolgt. Die Verbreitung kann sowohl durch Vermehrung durch verdriftete Pflanzenteile über große Strecken als auch über Samen erfolgen. Die Hyazinthenart ist eine krautige Schwimmpflanze mit zwanzig Zentimeter großen, eiförmig bis herz- oder nierenförmigen Laubblättern. Jede Pflanze weist an die zehn solcher spiralförmig angeordneten Blätter auf. Mit den ballonförmig aufgeblasenen, bis vierzig Zentimeter langen Blattstielen schwimmt die Pflanze auf der Oberfläche von stehenden oder leicht fließenden Gewässern. Wenn auch die Pflanze winterhart ist, verträgt sie aber keinen Frost. Deshalb sind in Mitteleuropa noch keine dauerhaften Bestände von ihr vorhanden – was sich aber mit dem Klimawandel ändern könnte.

Ein Bestand an Dickstieligen Wasserhyazinthen kann sich angesichts der hohen Reproduktionskapazität in neuen Habitaten ohne nennenswerte Fraß- oder sonstige Beeinträchtigungen in kurzer Zeit vergrößern und ganze Wasseroberflächen bedecken, wie das vor allem im tropischen Afrika der Fall ist. Damit reduziert sie das in das Gewässer einfallende Licht mit schädlichen Auswirkungen auf Wasserpflanzen und Plankton, was wiederum die Wasserqualität beeinträchtigt und die Fischbestände reduziert. Betroffen ist auch die Schifffahrt, die in den Hyazinthendickichten erschwert oder gar unmöglich wird. Die Einfuhr der Dickstieligen Wasserhyazinthe, die als wahrscheinlich am schnellsten wachsende Pflanzenart gilt, ist inzwischen verboten. Andererseits darf nicht übersehen werden, dass man aus ihren Pflanzenfasern Matten, Seile, Dünger oder auch Biogas herstellen kann. Und sie schafft neue Lebensräume für Insekten, Amphibien und Wasservögel, wie etwa für das Afrikanische Blatthühnchen, das den Hyazinthenteppich als schwimmende Insel für den Nestbau nutzt.

Die Douglasie

Invasiv oder nicht invasiv?

Die auch nach ihrer Herkunft Oregon Pine benannte Douglasie (*Pseudotsuga menziesii*) ist im pazifischen Nordamerika beheimatet. Es handelt sich um eine immergrüne, schnell wachsende Baumart mit flachen Nadeln, deren hängende Zapfen weit herausragende geschlitzte Deckschuppen aufweisen. Ab dem Alter von zwanzig Jahren wird die Douglasie fruchtbar, bildet etwa alle fünf Jahre Samen aus und wird in Mitteleuropa bis sechzig Meter hoch. „Einhäusig" trägt sie männliche und weibliche Blüten am selben Baum. Sie ist windblütig, d.h. ihr Pollen wird über den Wind zu den Blüten getragen. Dank ihrer guten Holzeigenschaften (hohe Festigkeitswerte) kommt der Douglasie zunehmend forstwirtschaftliche Bedeutung zu, was sich insbesondere in ihrer Verwendung für Eisenbahnschwellen, den Brückenbau sowie als Parkett und Wandtäfelung zeigt. Dazu wächst sie im Vergleich zur Fichte deutlich schneller. Und angesichts des Klimawandels kommt die Douglasie mit Trockenheit und Wärme besser zurecht als die Fichte, die an vielen Standorten nicht mehr zukunftsfähig ist. Sie eignet sich daher gut als Ersatz für Fichtenbestände.

Trotz aller zukunftsorientierter Aussichten hinsichtlich der Ausweitung des Douglasienbestands hat das Bundesamt für Naturschutz (BfN) 2013 diese Baumart als potenziell invasiv eingestuft. Nach Auffassung des BfN können Douglasienbestände die Biodiversität beeinträchtigen. Sie bieten im Vergleich zu Rein- und Mischwaldbeständen aus Eiche, Buche und Fichte ungünstigere Lebensräume für Tier- und Pilzarten, was sich in geringeren Artenzahlen niederschlägt. Auch kommt die Douglasie als Überträger von Schädlingen in Betracht. Die Forstpartie entgegnet, dass sich die angeführten Probleme durch waldbauliche Maßnahmen regulieren ließen. Außerdem wurde festgestellt, dass eine Douglasienverjüngung, die andere Baumarten verdrängen könnte, im Mischwald kaum gegeben ist – sie verhält sich überwiegend als eine pflegliche Mischbaumart. Und letztlich könnten die für die Douglasie relevanten Pilzschädlinge durch den Einsatz der weniger anfälligen Küsten-Douglasie eingedämmt werden.

Die Dronte

Ausgerottet durch Haustiere

Historischen Berichten zufolge legten die Ostindienfahrer auf ihrem Weg von Holland nach Java auf der Insel Mauritius einen Halt ein, um Wasser und Lebensmittel aufzunehmen. Unter anderem sammelten sie die Eier der dort vorkommenden Dronte (*Raphus cucullatus*) und fingen die flugunfähigen Vögel als Lebendproviant für die Schiffsbesatzungen. Ein erster Bericht über die Dronte, auch Dodo genannt, stammt vom holländischen Seefahrer Jacob Cornelius van Neck, der 1598 Mauritius erreichte: „*... eine große Art, größer als unsere Schwäne, mit dickem Kopf, der zur Hälfte von haubenähnlicher Haut bedeckt ist. Diesen Vögeln fehlen die Flügel, an deren Stelle es drei oder vier schwärzliche Federn gibt. Der Schwanz besteht aus ein paar schmalen, gebogenen Federn von grauer Farbe.*“

Die nur auf Mauritius lebenden, einen Meter großen, bis zu zwanzig Kilo schweren Dronten mit dem zwanzig Zentimeter großen Schnabel hatten im Laufe der Evolution mangels Fressfeinden ihre Flügel zurückgebildet. Um 1690 waren die Vögel schon ausgerottet. Anfangs glaubte man, dass die Seeleute daran die Schuld trugen, doch inzwischen weiß man, dass eingeschleppte Haustiere – Katzen und Ratten, Schweine und Affen – ihre Bodennester zerstörten und ihre Eier fraßen. Und da die Vögel keine Feinde kannten, zeigten sie auch kein Fluchtverhalten, was sie nicht nur für die Seeleute zur leichten Beute machte. So verwundert es auch nicht, dass es keine exakten Beschreibungen und Abbildungen der Dronte gibt. Auch geht man davon aus, dass die frühen Darstellungen den Vogel viel zu plump gezeigt haben – eben weil er sich so leicht fangen ließ. Übrigens soll es drei Arten Dronten auf den Maskarenen, der Inselgruppe aus Mauritius, Réunion und Rodrigues, gegeben haben. Dazu zählte der Rodrigues-Solitär (*Pezophaps solitaria*), der wie die Dronte zur Familie der Tauben zählt, und der Réunion-Solitär (*Ornithaptera solitaria*), eine dort endemische Ibis-Art. Beide sind ebenfalls ausgerottet. Die drei Vögel sollen als Beispiel dafür dienen zu veranschaulichen, wie und dass vom Menschen eingeschleppte Tierarten invasiv andere Arten ausgelöscht haben.

Wachsmodell einer Dronte, ca. 1850,
Naturkundemuseum Paris

Das Drüsige Springkraut

Reizvolle Blütenpracht aus dem Himalaya

Das durch seine üppige Blütenpracht gekennzeichnete Drüsige Springkraut (*Impatiens glandulifera*) stammt ursprünglich aus dem Himalaya und wurde Mitte des 19. Jahrhunderts von Kaschmir als Zierpflanze nach England gebracht. Von dort aus breitete sich das Springkraut innerhalb kürzester Zeit über ganz Europa aus. Hier siedelt es vor allem auf nährstoffhaltigen Uferbereichen der Bäche und Flüsse und an Wegesrändern, wo es durch sein massenhaftes Auftreten andere Pflanzen bedrängen und verdrängen kann. Die einjährige Pflanze wächst schnell und erreicht Wuchshöhen von zwei Metern, wobei sich ihre hohlen Stängel nach oben hin weit verzweigen. Der aufrechte Blütenstand hängt an einem Blütenstiel aus einer Blattachse. Die blass- bis kaminroten Blüten sind bis vier Zentimeter lang und erscheinen ab Juni bis in den Spätherbst hinein. So sind an der Pflanze gleichzeitig Knospen, Blüten und Kapselfrüchte vorhanden. Die reifen Samen werden schon bei leichter Berührung meterweit aus der Kapsel geschleudert. Die hohe Nektarproduktion der Pflanze bietet reichlich Nahrung vor allem für Bienen und Hummeln.
Das frische Kraut des Drüsigen Springkrauts ist mäßig giftig. Die Blätter können als zerstampfter Brei auf Insektenstiche und Brennnesselquaddeln aufgetragen werden, da sie entzündungshemmende Stoffe enthalten.. Die Blüten schmecken wegen des enthaltenen Nektars süßlich und eignen sich in kleinen Mengen beispielsweise als Salatdekoration. Lecker sind vor allem die Samen, deren Aroma durch Rösten in der Pfanne zur Geltung kommt. In der homöopathischen Bachblüten-Therapie sind Springkrautblüten Bestandteil der sogenannten Notfalltropfen (rescue remedy), deren heilende Energie nach der Auffassung von Edward Bach (1886–1936) nicht durch die pharmakologischen Eigenschaften der Blüten hervorgerufen wird, sondern durch die Schwingungen, die die Pflanze an die Essenz abgibt.

Der Eichenprozessionspinner

Mit Brennhaaren versehen

Eichenprozessionsspinner (*Thaumetopoea processionea*) bereiten in zweierlei Hinsicht Probleme: Sie schädigen das Wachstum der in Deutschland vorherrschenden Stieleiche (*Quercus robur*), und die Brennhaare der Raupen lösen unangenehme Hautreizungen auf der Haut des Menschen aus. Eichenprozessionsspinner sind von je her vom Schwarzen Meer über Süd- und Mitteleuropa bis zur Iberischen Halbinsel verbreitet. In Deutschland sind inzwischen fast alle Bundesländer durch immer wieder auftretende Massenvermehrungen vom Befall betroffen – insofern ist der Eichenprozessionsspinner in Deutschland eine etablierte Art. Aber nicht in Nordeuropa. So weist Großbritannien erst seit den 1980er-Jahren Befunde in Lichtfallen auf den Kanalinseln Guernsey und Jersey auf. In den 1990er-Jahren siedelten sich Eichenprozessionsspinner auch im Süden Englands an, vermutlich eingeschleppt durch den Handel mit Pflanzen und pflanzlichen Produkten. Die Befallsfläche war im Jahr 2020 so groß geworden, dass die britische Regierung mehrere Notmaßnahmen ergriff, so etwa Auflagen beim Import von Eichenholz und die Ausweisung von Schutzzonen.
Drei Zentimeter groß sind die Falter des Eichenprozessionsspinners. Ihre grauen Vorderflügel weisen weiße und dunkelgraue Querzeichnungen auf. Nach der Begattung erfolgt die Eiablage im September auf jungen Trieben älterer Eichen. Die Eier überwintern. Die Raupen schlüpfen im Mai und beginnen, an den jungen Trieben zu fressen. Sie vertilgen die gesamte Gewebefläche der Blattspreite und verschmähen dabei lediglich die Mittelrippe und stärkere Seitenrippen des Blattes. Ab dem dritten Larvenstadium im Mai/Juni bilden sie zur Verteidigung die mit Widerhaken versehenen Brennhaare aus, die das schädigende Nesselgift Thaumetopoein enthalten. Sie formen dann in Astgabelungen oder am Stamm Nester, aus denen sie abends in typischen Prozessionen zur Nahrungsaufnahme in die Baumkronen wandern, um morgens in die Nester zurückzukehren und dort den Tag zu verbringen.

Die Erdbeer-Guave

Überwuchert tropische Lebensräume

Die Erdbeer-Guave (*Psidium cattleianum*) ist sowohl wegen ihres Blattwerks als auch wegen ihrer Blüten und Früchte eine beliebte Zierpflanze. Es handelt sich um einen strauchartigen Baum von maximal acht Metern Höhe. Seine buschige, mehrtriebige Krone aus Zweigen mit vielfarbiger Rinde und glänzenden Blättern macht die Pflanze ganzjährig attraktiv. Die hübschen weißen Blüten sind selbstfruchtbar und werden von Insekten bestäubt. Die gelb- bis rotschaligen Früchte von drei Zentimetern Größe schmecken sehr würzig und süß und strömen ein intensives Aroma aus. Sie enthalten viele Samen. Die Heimat der Erdbeer-Guave ist das subtropische Brasilien, wo sie in landwirtschaftlich wenig attraktiven Arealen gedeiht und den dortigen Bauern ein zusätzliches Einkommen verschafft, indem sie die Früchte sammeln, auf dem Markt verkaufen oder an die weiterverarbeitende Industrie liefern.

Wegen ihres attraktiven Erscheinungsbilds, ihrer Anpassungsfähigkeit und vielseitigen Verwendbarkeit ist die immergrüne Erdbeer-Guave in vielen subtropischen und tropischen Regionen der Erde vom Menschen gezielt eingebürgert worden. An ihren neuen Standorten neigt die Pflanze allerdings dazu, in dichten, monospezifischen Beständen zu wachsen, die die einheimische Vegetation bedrängen und eine ernsthafte Bedrohung für die einst natürlichen Lebensräume darstellen. Inzwischen gilt die Erdbeer-Guave als schlimmster Pflanzenschädling auf Hawaii, wo sie zunehmend in Naturgebiete vordringt. An ihrer weiteren Verbreitung sind vor allem auch die invasiven Wildschweine (*Sus scrofa*) beteiligt, die sich von ihren Früchten ernähren und die Samen verbreiten. Am verheerendsten zeigen sich aber die Auswirkungen auf Mauritius. Hier ist der größte Nationalpark der Insel, der Black River Gorges National Park, schon vielerorts vom dichten Kronendach der Erdbeer-Guave überwuchert. Vor allem überwächst sie die felsigen Hänge im Nationalpark, wo ihre physische Entfernung kaum möglich ist.

Die Europäische Süßwassergarnele

Offensichtlich problemlos

Es gibt nur wenige Süßwassergarnelenarten in Mitteleuropa, darunter ist die Europäische Süßwassergarnele (*Atyaephyra desmarestii*), und die ist noch nicht einmal bei uns heimisch. Ihr ursprünglicher Lebensraum erstreckt sich rund um das Mittelmeer von Nordafrika bis Südeuropa. Vermutlich ist sie mit dem Schiffsverkehr nordwärts gelangt und hat sich dann über Flusssysteme und Kanäle nach Frankreich und Belgien ausgebreitet. Erstfunde in Deutschland stammen von 1932 aus Rees am Niederrhein. Über den Mittellandkanal kam sie nach Hannover, später dann auch über den Main-Donau-Kanal in das Flusssystem der Donau. Seit etwa 2000 ist sie über ganz Osteuropa verbreitet. Die Europäische Süßwassergarnele wird dreieinhalb Zentimeter lang, wobei das Weibchen größer als das Männchen ist. Ihr Rückenpanzer ist seitlich zusammengedrückt und verlängert sich in einen weit über die Augen reichenden, Rostrum genannten Fortsatz. Dieser Fortsatz der Schale hat bis fünfundzwanzig kleine, bewegliche Stacheln und am vorderen unteren Rand fünf und acht größere Zähne. Gut erkennbar sind die beiden recht großen, kurz gestielten Komplexaugen am Kopf. Ihr Körper ist weitgehend transparent, kann aber auch in das Bläuliche oder Bräunliche übergehen. Ihre Nahrung besteht aus zerfallener organischer Substanz am Boden (Detritus), Algen, Plankton und kleinen Wassertieren. Die Weibchen legen im Sommer bis zu 1.500 Eier ab. Die Garnelenlarven leben in den ersten Wochen planktisch. Bis zum nächsten Frühjahr entwickeln sie sich in zwei Larvenformen zum geschlechtsreifen Tier. Als schlechte Schwimmer bevorzugen sie die ruhigeren Teile von Gewässern, weshalb sie sich gerne in Kanälen aufhalten. Die Europäische Süßwassergarnele zählt als fremdländische Art zu den unerwünschten Neozoen in Mitteleuropa, aber sie hat sich problemlos eingelebt und richtet keinen Schaden an. Offensichtlich ist sie in eine ökologische Nische vorgedrungen, die bislang noch nicht besetzt war.

Der Europäische Mufflon

Mit gedrehten Hörnern versehen

Umstritten ist bis heute, ob der Mufflon ein Vorfahr des Hausschafes oder ein verwildertes Haustier ist. Sicher ist jedoch, dass sich das Muffelwild vor drei Millionen Jahren aus einem gamsartigen Urahn entwickelte, der vom Kaukasus über Anatolien bis zum Iran lebte. Von hier aus verbreiteten sich die Tiere nach Südosteuropa, wo sie allerdings schon in der Bronzezeit vom Menschen ausgerottet wurden. Mufflons siedelten sich dann auch auf den Mittelmeerinseln Zypern, Elba, Sardinien und Korsika an, wohin sie wahrscheinlich durch den Menschen gelangten (Europäischer Mufflon *Ovis gmelini musimon*). Schon seit dem 16. Jahrhundert wurden Mufflons in Mitteleuropa als Jagdwild gehalten. Im 19. Jahrhundert nahmen die Aussetzungen europaweit zu.

Mufflons sind kräftig gebaute Tiere mit glattem, rotbraunem bis braungrauem Fell. Der Widder wiegt etwa 50 Kilogramm, das Schaf 35 Kilogramm. Markantestes Kennzeichen des Widders sind seine gedrehten Hörner, die nicht abgeworfen werden, sondern bis etwa zum sechsten Lebensjahr mit Jahresringen wachsen. Außergewöhnlich ist ihr Sehvermögen. Zwar ist ihr Gesichtsfeld auf ca. 60° beschränkt, aber im übrigen Bereich nehmen sie Bewegungen auf große Entfernungen wahr und drehen dann ihren Kopf dem Objekt zu, um es zu orten.

Der ursprüngliche Lebensraum des Mufflons sind felsige und offene Gebirge bei trockenem Klima. Im mitteleuropäischen Lebensraum finden Europäische Mufflons als invasive Art eher für sie ungeeignete weiche Böden vor und bekommen dadurch schmerzhafte Hufleiden. Auch verdrängen sie den natürlichen Aufwuchs im Wald. Seit dem Vordringen der Wölfe aus dem Osten ist ihr Bestand in dessen Verbreitungsgebieten stark rückläufig. Im Nationalpark Eifel, den die Förster gern vom Muffelbestand befreien würden, gelingt dies nicht, weil der Wolf hier noch nicht verbreitet ist und die Tiere wegen der Nationalparkvision nicht geschossen werden dürfen.

Das Falsche Weiße Stängelbecherchen

Verursacht die Eschenwelke

Bei der im allgemeinen Sprachgebrauch genannten Eschenwelke handelt es sich um das Eschentriebsterben, das durch einen Pilz, das Falsche Weiße Stängelbecherchen (*Hymenoscyphus fraxineus*), ausgelöst wird. Betroffen sind sowohl die Gemeine Esche *(Fraxinus excelsior)* als auch die Schmalblättrige Esche *(Fraxinus angustifolia)*. Beim Falschen Weißen Stängelbecherchen handelt sich um einen aus Ostasien eingeschleppten Schlauchpilz, der auf der Hauptachse, der Blattspindel, des herabgefallenen Laubs becherförmige Fruchtkörper bildet, deren Sporen im nächsten Jahr über den Wind weit verbreitet werden. Durch eine Klebschicht an den Sporen haften diese an der Blattoberfläche gesunder Eschen und dringen dann in das Blatt ein. Ihr Myzel sucht sich seinen Weg in die Blattspindel und weiter in die Rinde und das Kambium der Triebe. Dort entwickeln sich die typischen, olivbraun bis orange verfärbten Rindennekrosen, die Versorgungsadern der Bäume werden zerstört und jeglicher Wuchs oberhalb stirbt ab – daher der Name Eschentriebsterben. Vor allem in den Trieben lässt sich die Nebenfruchtform des Pilzes (*Chalara fraxinea)* nachweisen. Im Gegensatz zur Hauptfruchtform werden in dieser Nebenfruchtform die Sporen ungeschlechtlich gebildet. Im weiteren Verlauf dringt der Pilz auch in verholzte Bereiche ein, wogegen sich der Baum durch frühzeitigen Blattabwurf zu wehren versucht. Dann überwintert der Pilz wieder in den Blattspindeln der Blätter am Boden.
Das Falsche Weiße Stängelbecherchen trifft in Ostasien auf die dort heimische Mandschurische Esche (*Fraxinus mandshurica*) und verursacht keine nachhaltigen Schäden. In Europa trifft dieser Pilz dagegen auf unvorbereitete Eschenarten, die in allen Altersklassen und auf allen Standorten betroffen sind. Erstmals festgestellt wurde die Eschenwelke 1992 im Nordosten Polens. Seither breitet sich der Befall weiter aus. 2006 stellte man die ersten Symptome in Baden-Württemberg fest. Mut macht, dass etwa fünf Prozent aller Eschen immun gegen den Pilz sind.

Eschentriebssterben

Der Flamingo

Im Zwillbrocker Venn

Das Zwillbrocker Venn, ein Münsterländer Naturschutzgebiet mit der nördlichsten Kolonie von Flamingos, ist einzigartig. Das Gelände ist von Feuchtwiesen, Moor- und Heidelandschaften sowie flachen Seen geprägt. Entstanden aus einem Hochmoorgebiet, füllte sich die Mulde nach dem Ende der Torfstecherei mit Wasser und ließ ein Naturgebiet von europaweiter Bedeutung entstehen. Hier sind unzählige Tier- und Pflanzenarten anzutreffen, viele davon stehen auf der Roten Liste bedrohter Arten. Allein sechzig Vogelarten weist das Gebiet auf, darunter die größte Lachmöwenkolonie (*Chroicocephalus ridibundus*) Mitteleuropas. Aber einzigartig ist die Flamingo-Brutkolonie im Zwillbrocker Venn, denn wer vermutet schon Flamingos in Deutschland – eine wahre Bereicherung unserer Vogelwelt!

Im Zwillbrocker Venn kann man sogar drei Arten von Flamingos beobachten: den Rosaflamingo (*Phoenicopterus roseus*), den Kubaflamingo (*Phoenicopterus ruber*) und den Chileflamingo (*Phoenicopterus chilensis*). Die Herkunft dieser Flamingos ist weiterhin unbekannt. Man geht davon aus, dass es sich um entflohene Vögel aus Tierhaltungen handelt. Einzig der Rosaflamingo, der nicht aus Übersee stammt, sondern unter anderem in Südeuropa vorkommt, könnte von dort bis in das Münsterland vorgedrungen sein. Die Tiere ernähren sich vom Plankton im See, der durch die Ausscheidungen der Lachmöwen gedüngt wird. Die ersten Flamingos erreichten in den 1970er-Jahren das Zwillbrocker Venn, einen ersten Bruterfolg von Chileflamingos gab es 1983. In den Wintermonaten kehren die Flamingos nicht in ihre Ursprungsgebiete zurück, sondern ziehen den Weg in die Niederlande vor. Rastgebiete finden sie im IJsselmeer, dem Veluwemeer und den Oostvaarderplassen. Letztendlich überwintern sie in den durch Deiche und Wehre abgetrennten Flussarmen von Rhein, Maas und Schelde. Hier werden die Jungvögel eine Weile von den Alttieren gefüttert und verbleiben noch einen Sommer im Überwinterungsgebiet. Die Altvögel sind dagegen schon im zeitigen Frühjahr wieder im Zwillbrocker Venn anzutreffen.

Beringte Chileflamingos im Zwillbrocker Venn

Pablo Escobars Flusspferde

Neuerdings im Rio Magdalena

Pablo Escobar wurde 1949 in Rionegro, etwa fünfzig Kilometer von Medellín entfernt, geboren. Er wuchs in einer Atmosphäre der Gewalt auf, die er sein Leben lang einsetzte, um seine Interessen durchzusetzen. Mit Skrupellosigkeit weitete er seinen Drogenhandel aus, was ihn zum Boss des Medellín-Kartells und zu einem der reichsten Männer der Welt machte. Bestechung und Auftragsmorde waren seine „Waffen", mit denen er bis in die höchste Politik agierte. Mit Bombenterror in Medellín wollte er ein auf den Weg gebrachtes Gesetz zur Auslieferung von Drogenhändlern an die USA verhindern. Sogar einen Präsidentschaftskandidaten ließ er deswegen ermorden. Doch 1993 wurde er bei einer Razzia von einer Polizeieliteeinheit erschossen.

1979 erwarb Escobar die 3.000 Hektar große Hazienda Nàpoles am Rio Magdalena, die er seinen Wünschen entsprechend ausbaute – mit Flugplatz, Hubschrauberlandeplatz, Stierkampfarena, mehreren Swimmingpools. Und einen Privatzoo gab es auf dem Gelände. Hier hielt er Tiger, Giraffen, Elefanten, Büffel, Löwen, Nashörner, Gazellen, Zebras, Kamele und Strauße. In den 1980er-Jahren ließ er sogar drei weibliche und ein männliches Flusspferd (*Hippopotamus amphibius*) auf die Hazienda bringen. Nach dem Tod von Escobar kümmerte sich niemand mehr um den Zoo auf der Hazienda. Das Gelände verwilderte, die Tiere wurden veräußert, gestohlen, verhungerten oder brachen aus. Die Flusspferde nahmen den Weg in die nahe gelegenen Flüsse und vermehren sich seitdem unkontrolliert. Im Rio Magdalena und seinen Nebenflüssen gibt es inzwischen an die 200 von ihnen. Die unberechenbaren, bis zu drei Tonnen schweren Flusspferde besetzen den Lebensraum anderer Tiere, erodieren Ufer, wühlen im Flussgrund und schlagen Schneisen in die Wälder. Langzeitverhütungsmittel schlugen nicht an. Jetzt soll sterilisiert werden. Man rechnet mit Kosten von bis zu 10.000 Euro pro Tier …

Der Froschwels

Geht auch über Land

Der Froschwels (*Clarias batrachus*), der inzwischen als eingebürgerter Fisch in seinen neuen Lebensräumen als invasiv gilt, ist in seinem ursprünglichen Lebensraum zwischen dem Mekong-Delta und Ostindien schon in seinem Bestand gefährdet. Sein angestammter Lebensraum besteht vor allem aus stehenden oder langsam fließenden Gewässern wie schlammigen Teichen, Kanälen oder Gräben, die ihm immer weiter eingeschränkt werden. Dazu kommt seine Überfischung als Speisefisch.

Der bis fünfzig Zentimeter große Froschwels ist grau bis grau-braun, die Körperseiten sind oft mit kleinen weißen Flecken bedeckt. Seine Haut ist schuppenlos und mit einer schützenden Schleimschicht bedeckt. Sein großes Maul umgeben mehrere Paare von Barteln. Er besitzt ein zusätzliches Atmungsorgan in Form eines Atemsacks, mit dem er bei Sauerstoffmangel auch Oberflächenluft aufnehmen kann. Männchen und Weibchen unterscheiden sich nur durch die Zeichnung der Rückenflosse.

Seit den 1960er-Jahren wird der Froschwels weltweit durch Aquakulturen und durch zu groß gewordene, freigelassene Aquarienexemplare verbreitet. Vor allem in den USA ist er so im Osten von Florida bis North Carolina und weiter durch die Neuengland-Staaten bis New Hampshire hoch gewandert. Auch in den Oststaaten ist er schon angekommen. Als Allesfresser bedrängt er in seinem neuen Lebensraum endemische Individuen. Und er dringt seinerseits in Aquakulturen ein. Auch durch seine Fähigkeit, Strecken über Land zu bewältigen, hat er bereits ein Viertel aller Gewässer in Florida besiedelt und sich dort teilweise zur dominanten Fischart entwickelt. Dies ruft insbesondere den Unmut der Angler hervor, denn der Froschwels hat sich in Amerika noch nicht als Speisefisch durchgesetzt. Dort, wo sich der Froschwels schon etabliert hat, ist er kaum noch zu eliminieren. Deshalb hat beispielsweise Florida ein Besitz- und Importverbot für Froschwelse eingeführt, um wenigstens weiteren Schaden einzudämmen.

Das Fuchshörnchen

Verdrängt heimische Eichhörnchen

Niedlich sieht es aus, das zwischen dem zentralen Südkanada und Mexiko beheimatete amerikanische Fuchshörnchen (*Sciurus niger*); es hat aber das Potenzial, das schwächere, in Europa heimische Eichhörnchen zu verdrängen. Die Westgrenze der Verbreitung liegt etwa beim 100. Längengrad. Ein solcher Verdrängungsprozess gegen das amerikanische Grauhörnchen ist schon im Osten der Vereinten Staaten durch dort ausgesetzte Fuchshörnchen im Gange. In Europa wurden Fuchshörnchen durch den Tierhandel eingeführt. Im Freiland wurden noch keine Exemplare festgestellt.
Das Fuchshörnchen wird bis 40 Zentimeter groß und weist einen bis 30 Zentimeter langen, buschigen Schwanz auf. Das Fell ist hell- bis dunkelbraun gefärbt, wobei es auch rötliche, dunkle, fast schwarze Farbvarianten gibt. Weiß sind Nase und Ohren. Als wichtiges Unterscheidungsmerkmal fehlen dem Fuchshörnchen die Haarbüschel an den Ohren.
Wälder sind der eigentliche Lebensraum der Fuchshörnchen, sie treten aber auch im Siedlungsraum mit Gärten auf. Die tagaktiven Tiere ernähren sich von Nüssen, Beeren, Früchten, Rinden, Knospen und jungen Trieben, Insekten, Vogeleiern und kleinen Reptilien. Sie vergraben einen Teil ihrer Vorräte als Winterreserve. Die Fuchshörnchen legen sich in den Baumkronen Nester an oder nutzen vorhandene Baumhöhlen zur Winterruhe und zur Aufzucht ihrer Jungen. In der warmen Jahreszeit werden außerdem noch leichtere Sommernester gebaut. In ihrer ursprünglichen Heimat werfen die Weibchen einmal bis zweimal im Jahr zwei bis vier Junge, die ab zehn Monaten geschlechtsreif sind. Die Tiere können bis zu zehn Jahre alt werden. Ihre Feinde sind Falken, Füchse, Kojoten und Hauskatzen. Doch der Mensch ist ihr größter Feind – seine Autos überfahren alljährlich eine große Anzahl. Aber am schlimmsten ist neben der Überjagung die Waldzerstörung, die den Lebensraum der Tiere zunehmend einschränkt.

Die Garten-Hortensie

Eine ökologische Bereicherung

Der in Würzburg geborene Ethnologe und Botaniker Philipp Franz von Siebold (1769–1866) trat als Arzt 1822 in niederländische Dienste ein. Als Schiffsarzt gelangte er nach Batavia. Dort wurde er vom niederländischen Gouverneur auf den niederländischen Handelsstützpunkt auf der Insel Deshima, einem Eiland vor der japanischen Stadt Nagasaki, versetzt, um dort Land und Leute zu erforschen. Sein Hauptinteresse galt aber der japanischen Flora und Fauna. Mit seinem Wissen erwarb er sich hohes Ansehen in Japan. Von hier aus sandte er mehr oder weniger heimlich einige Samen, Pflanzen und präparierte Tieren an niederländische Universitäten, darunter den Staudenknöterich, der sich zur Plage in Europa entwickelte, Teepflanzen, die die Teekultur auf Java begründeten, einen Riesensalamander und nicht zuletzt Hortensien.

Nach seiner Rückkehr ließ sich Siebold in Leiden nieder, wo er seine Sammlung japanischer Pflanzen anlegte und weiterentwickelte. Diese wurde 1831 der Öffentlichkeit zugänglich gemacht und bildet zusammen mit seinen ethnografischen Sammlungen den Grundstock des Japan-Museums „Siebold-Huis“ in Leiden.

Hortensien (*Hydrangea*) sind eine Gattung der Familie der Hortensiengewächse. Es sind laubwerfende oder immergrüne Sträucher, kleine Bäume oder Kletterpflanzen mit meist gegenständigen, ovalen, am Rand gezähnten Blättern und vierzähligen, in endständigen Doldenrispen stehenden Blüten. Zu ihnen zählt die Garten-Hortensie *(Hydrangea macrophylla)*. Sie ist ein bis zwei Meter hoch und zeigt gewölbte, fast kugelige Blütenstände in vielfältigen Farben, die je nach pH-Wert des Bodens changieren. Ist der Boden sauer, verfärben sie sich blau, bei kalkhaltigem Boden rosa. So stellt die Hortensie als Zierpflanze eine der großen Bereicherungen unserer Gärten dar. Da sie sich als Neophyt im Freiland noch nicht ausbreiten konnte, richtet sie keinen ökologischen Schaden an.

Die Gelbe Scheinkalla

Gefährdet Feuchtbiotope

Der ursprüngliche Lebensraum der Gelben Scheinkalla (*Lysichiton americanus*) aus der Familie der Aronstabgewächse erstreckt sich im westlichen Nordamerika von Alaska bis Kalifornien. Hier besiedelt die Pflanze saure Böden an schattigen Ufern von Flüssen und Bächen, Quellen, Sümpfen und Bruchwäldern und ist in Höhenlagen bis 1.400 Meter anzutreffen. Sie weist einen langen Blütenkolben auf, der von der Spatha, dem leuchtend gelb gefärbten Hochblatt muschelähnlich umhüllt wird. Die kleinen Blüten am Kolben sind gelbgrün gefärbt. Die Blütezeit beginnt am Ende des Winters. Die Blüten verströmen einen penetranten Geruch, was der Pflanze den volkstümlichen Namen „Stinktierkohl" eingebracht hat. Aus den Blüten entwickeln sich Beeren-Früchte mit je ein bis vier Samen. Der Blüten- und Fruchtstand ähnelt damit dem des sehr viel kleineren heimischen Aronstabes. Die Pflanze blüht übrigens zum ersten Mal im Alter von 5 Jahren. Die bis zu 30 Zentimeter breiten Laubblätter entwickeln sich nach der Blüte. Die langlebige winterharte Pflanze selbst kann bis zu einen Meter hoch werden und bildet zur winterlichen Überdauerungszeit Rhizome aus, die 20 bis 30 Zentimeter tief in den Boden wachsen.

Die Gelbe Scheinkalla hat sich schon in Europa ausgebreitet, seit den 1980er-Jahren auch in Teilen Nordrhein-Westfalens, im Harz, im Taunus, in Rheinland-Pfalz und in Bayern. Hier findet sie vergleichbare feucht-schattige Lebensräume im Uferbereich von Bächen, Gräben, innerhalb bachbegleitender Auwälder und in vermoorten Quellbereichen vor und stellt eine Bedrohung für die Vegetation solcher Feuchtstandorte dar. In diesen sensiblen Lebensräumen können die kräftigen Pflanzen dichte Bestände aufbauen und dadurch standorttypische Tier- und Pflanzengesellschaften beeinträchtigen und sogar verdrängen, darunter beispielsweise Torfmoose, das Sumpf-Veilchen und Orchideen.

Die Gelbe Spinnerameise

Zählt zu den 100 weltweit invasivsten Arten

Wenn sie gestört wird, bewegt sich die Gelbe Spinnerameise (*Anoplolepis gracilipes)* rasch vorwärts, schlägt Haken und ändert plötzlich ihre Richtung. Diese Eigenschaft hat ihr den englischen Namen „Crazy Ant" eingebracht. Ihre gelblichen, vier bis fünf Millimeter großen Arbeiterinnen verteidigen sich aggressiv mit Ameisensäure. Dadurch sind sie in der Lage, auch größere Tiere zu überwältigen. So besteht ihr breites Nahrungsspektrum aus kleinen Säugetieren, Reptilien, brütenden Vögeln und Fledermäusen. Ihr eigentliches Ursprungsgebiet ist nicht genau bekannt, vermutet wird das tropische Afrika. Eingeschleppt wurde sie in den Norden Australiens und auf verschiedene Inseln im Indischen Ozean, wo sie auf der Weihnachtsinsel besonders großen Schaden anrichtet.

Die südlich von Java gelegene, 135 Quadratkilometer große Weihnachtsinsel wurde am 25. Dezember 1643 von William Mynors, Kapitän auf der „Royal Mary", einem Schiff der britischen Ostindien-Kompanie, entdeckt. Die Abgeschiedenheit hat auf der von tropischem Regenwald bedeckten Insel eine einmalige autochthone Tierwelt entstehen lassen, die durch die Spinnerameisen nachhaltig gefährdet ist. Hier änderten sie ihr Verhalten und bildeten Superkolonien mit mehreren Königinnen und suchen in allen Lebensräumen bis hin in die Baumkronen nach Nahrung. So haben sie innerhalb kürzester Zeit Millionen der nur auf der Insel vorkommenden Roten Landkrabbe (*Gecarcoidea natalis*) getötet. Diese Krabben spielen eine große Rolle für das Ökosystem der Insel, denn sie fressen Jungpflanzen, die sich nun stärker auf der Insel verbreiten können und so das Ökosystem der Insel beeinträchtigen. Außerdem züchten die Spinnerameisen Schildläuse, deren Honigtau sie fressen, der aber gleichzeitig ganze Pflanzenbestände verklebt, was gleichermaßen schädlich für das Ökosystem ist. Im Gegensatz zur Weihnachtsinsel, wo die Spinnerameise keine Feinde hat, wird sie auf Sulawesi von der endemischen Sulawesi-Kröte (*Ingerophrynus celebensis;* Syn.: *Bufo celebensis)* als Hauptnahrung genutzt, was ihren Bestand dort reguliert.

Der Gemeine Blutweiderich

Eine purpurne Plage in Nordamerika

So wie Naturschützer in Europa invasive Pflanzen wie die expansive Goldrute oder das Drüsige Springkraut wieder verdrängen wollen, haben die Nordamerikaner mit dem Gemeinen Blutweiderich (*Lythrum salicaria*) die gleichen Probleme. Mitte des 19. Jahrhunderts wurden die ersten Pflanzen dieser attraktiven Art in den Vereinigten Staaten und in Kanada als Heil- und Gartenpflanze eingeführt. Inzwischen hat sie sich dort stellenweise teppichartig ausgebreitet.

Die Heimat des Gewöhnlichen Blutweiderichs bilden die wechselfeuchten gemäßigten Zonen Eurasiens und Nordafrikas. Aus seinem Rhizom sprießt eine krautige, zweieinhalb Meter hohe, sich stark verzweigende Pflanze. Die Laubblätter sitzen direkt an den mehrkantigen Stängeln. Die prachtvollen Blüten erscheinen zwischen Juni und September in traubigen oder ährenförmigen Blütenständen an den Trieben. Durch ihre eindringliche rotviolette Farbe fallen sie schon von Weitem wie eine Zierpflanze in der freien Natur auf. Diese Blütenstände sind wichtige Nektarspender für Bienen, Schwebfliegen und Schmetterlinge, so vor allem für die Raupe des Nachtpfauenauges. In Europa begrenzt die Pflanzenvielfalt auf feuchten Standorten den Wildwuchs des Blutweiderichs. In Nordamerika fehlt diese Konkurrenz, weswegen er sich dort in Feuchtgebieten massenhaft ausbreitet und einheimische Arten verdrängt, was ihn zu einer ökologisch problematischen Pflanze macht. Dennoch vollzieht sich dieser Vorgang nur stellenweise. Und auch hier bietet der Gemeine Blutweiderich Futter für Insekten. Dennoch setzt man in Kanada und in den USA auf die sich vorwiegend vom Blutweiderich ernährenden europäischen Blattkäfer *Galerucella calmariensis* und *Galerucella pusilla* zu seiner Eindämmung. Sicherheitshalber hatte man vorher getestet, ob diese invasiven Käfer auch auf biologisch verwandte Pflanzen übergreifen. Das geschah nicht – mit Ausnahme des Geflügelten Blutweiderichs (*Lythrum alatum*), der aber von den Käfern dann als Wirt verschmäht wurde, wenn der Gemeine Blutweiderich zur Verfügung stand.

Der Gemeine Sonnenbarsch

Ein bunter Zugang in unserer Fischfauna

Hübsch anzuschauen ist der Neuling in unseren Gewässern – bunt gefärbt, auffällig hochrückig mit großem Kopf und oberständigem Maul. Gemeint ist der bis 20 Zentimeter große Gemeine Sonnenbarsch (*Lepomis gibbosus*). Bei graubraun marmorierter Grundfarbe schimmern seine Querbinden grünbläulich. Der ganze Körper ist mit Farbtupfern übersät. Bei der Paarung tragen die Männchen ein farbenprächtiges Hochzeitskleid. Besonders auffällig ist der orangefarbene Punkt in der Verlängerung der Kiemendeckel, der den Fischen auch den Namen „Kürbiskernbarsch" (amer. = *Pumpkinseed*) eingebracht hat.

Die ursprüngliche Heimat der Sonnenbarsche ist Nordamerika, wo sie sich durch von Aquarianern ausgesetzte Exemplare bis zur Ostküste verbreitet haben. Nicht nur nach Deutschland wurden Sonnenbarsche in der zweiten Hälfte des 19. Jahrhunderts als Aquarienfische eingeführt. Seither sind sie in den Gewässern einzelner Teile Süd- und Mitteleuropas sporadisch anzutreffen. Sie besiedeln bevorzugt wärmere Habitate mit reichlichem Pflanzenwuchs, leben meist in Schwärmen nicht tief unter der Wasseroberfläche, wo sie Kleintiere fressen und ihre Nahrung durch Pflanzenteile ergänzen. Diese Lebensweise macht sie zu einer beliebten Beute für ihre Fressfeinde, was sie durch eine hohe Reproduktionsrate ausgleichen. Übrigens sind die Männchen nach der Eiablage in einer Mulde alleine für die Nachkommenschaft verantwortlich. Das Nest wird von den Männchen einige Tage bewacht. Dabei können sie vom Nistplatz ausgerissene Jungfische im Maul ins Nest zurückbringen. Mehrere Bruten pro Jahr sind möglich – die Weibchen legen pro Jahr an die 5.000 Eier. Als invasive und inzwischen etablierte Art können Fische wie der Gemeine Sonnenbarsch mit so zahlreicher Nachkommenschaft andere Tierarten in Bedrängnis bringen. Dies ist aber bisher noch nicht beobachtet worden.

Die Gemeine Wespe

Invasiv in Neuseeland

Über 600 Wespenarten existieren in Mitteleuropa. Darunter sind die Deutsche Wespe (*Vespula germanica*) und die Gemeine Wespe (*Vespula vulgaris*) am weitesten verbreitet. Die schwarzgelbe Zeichnung ihrer Körper ist beiden Arten gemein. Typisch für die Gemeine Wespe ist die schwarze Zeichnung am Kopfschild sowie zwei gelbe Flecken an der Augenhinterpartie, wohingegen die Deutsche Wespe an der Stirnplatte anstelle des Striches schwarze Punkte aufweist. Die Königin der Gemeinen Wespe wird bis neunzehn, eine Arbeiterin bis vierzehn und ein Männchen bis siebzehn Millimeter lang. Im Frühjahr erfolgt die Staatengründung durch die Königin. Ihr Nest legt sie in dunklen Räumlichkeiten an, gern auch in und an Häusern. Das Volk kann bis auf über tausend Individuen anwachsen. Sie ernähren sich überwiegend von Nektar und zuckerhaltigen Säften. Sie stechen nur, wenn sie sich bedroht fühlen. Der Stich selbst ist nicht schmerzhafter als der von Bienen und Hummeln. Die Brut wird mit zerkauten Insekten gefüttert. Im Herbst stirbt das Wespenvolk einschließlich der Königin ab. Nur begattete Jungköniginnen überwintern an geschützter Stelle.

Die im gesamten gemäßigten Eurasien verbreiteten Deutschen und Gemeinen Wespen wurden auch in andere Regionen verschleppt, so in den Süden Südamerikas, nach Südaustralien und nach Neuseeland. Auf die Nordinsel Neuseelands gelangte die Deutsche Wespe 1945 mit einer Ladung Maschinenteile. Die Gemeine Wespe folgte wenig später. Beide Arten fanden den Weg auf die Südhalbinsel, wo sie wegen des für sie günstigen Klimas ihr Sozialsystem auf mehrjährige Nestzyklen mit mehreren Königinnen umstellten. Entsprechend größer wurde der Futterbedarf für die Brut, was die Insektenwelt der Insel bedrängte. Vor allem ist ihr Appetit auf die in Neuseeland endemische Schildlaus (*Ultracoelostoma assimile*) groß, deren Sekrete aber die Hauptnahrung in der Jungenaufzucht des nur auf Neuseeland beheimateten Kaka (*Nestor meridionalis*), einer Waldpapageienart, sind. Übrigens wurde die Deutsche Wespe in Neuseeland inzwischen von der Gemeinen Wespe verdrängt.

Die Glanzkrähe

Ein intelligenter Kulturfolger

Unter den Rabenvögeln (*Corvidae*)ist die Glanzkrähe (*Corvus splendens*) durch ihr auffälliges Gefieder ein ganz besonderes Exemplar. Dieses ist an Stirn, Wangen und Kehle sowie an Flügeln und Rücken schwarz gefärbt und glänzt dabei grünlich, bläulich oder purpurn. An den äußeren Ohrendecken sowie an Nacken-, Brust- und Bauchgefieder sind die Vögel matt grau gefärbt. Auffällig ist ihr perlmutt glänzender Schwanz. Ihr Schnabel ist zur Hälfte mit Nasalborsten bedeckt. Die an die vierzig Zentimeter großen Vögel haben eine Spannweite von achtzig Zentimetern, wobei die Weibchen nur minimal kleiner sind. Sie neigen zur Schwarmbildung und nisten in großen Gruppen hoch in Bäumen, wobei sie sich beim Nestbau auch gegenseitig unterstützen können.

Die ursprüngliche Heimat der Glanzkrähe reicht von Pakistan über Indien bis Bangladesch. Längst sind die Vögel über weite Teile der Erde verbreitet, wo sie sich als wahre Kulturfolger zeigen und sich gerne im Umfeld menschlicher Ansiedlungen aufhalten. Denn als Allesfresser stöbern die intelligenten Vögel in menschlichen Abfällen, verzehren aber auch Insekten, Weichtiere, kleine Reptilien, Küken, Eier, Getreide und Früchte. Auch Aas verschmähen sie nicht. So gehören sie in Ostafrika, wo sie im 19. Jahrhundert zur Müllbeseitigung eingebürgert wurden, längst zum urbanen Erscheinungsbild. Vom Ursprungsgebiet und aus Afrika haben sich Glanzkrähen-Populationen weltweit etabliert, auch frostige Temperaturen scheinen ihnen nichts auszumachen, so auch in den Niederlanden. Als die dortigen Behörden die aggressiven und andere Arten bedrängenden Vögel dort entnehmen wollten, ist dies 2013 auf Klage von Naturschutzverbänden nicht zugelassen worden. Einzig die Begrenzung auf einen geringen Bestand wurde zugestanden, weil die Glanzkrähe als anwesende Art unter die Vorschriften für alle wildlebenden Vogelarten fällt. In Australien ist sie dagegen als Schädling wieder ausgerottet worden.

Die Goldene Apfelschnecke

Ein Reis- und Taroschädling

Man schätzt, dass es insgesamt fast hundert Arten von Apfelschnecken (*Ampullariidae*) gibt. Eine große Art darunter ist die Goldene Apfelschnecke (*Pomacea canaliculata*), die in ihrer subtropisch bis tropischen Lebenswelt in Südamerika von Argentinien bis Brasilien in Süßwasserseen, Flüssen, Teichen und Sumpfgebieten anzutreffen ist. Ihre hohe Temperaturverträglichkeit hat ihre Ausbreitung in gemäßigte Klimazonen erleichtert, wo sie als großer Landwirtschaftsschädling auftritt. Bei der Goldenen Apfelschnecke handelt es sich um eine Süßwasserschneckenart mit Kiemen und einem hornigen Gehäusedeckel, deren rechts gewundene Schale bis zu fünfzehn Zentimeter groß werden kann. Außer den langen Fühlern oberhalb der Augen besitzen sie noch ein zweites Lippentasterpaar am Maul. Neben ihren Kiemen können sie über ein ausfahrbares röhrenförmiges Organ Luft an der Wasseroberfläche einsaugen, wofür sie auch einen Lungensack ausgebildet haben. Das Nahrungsspektrum der Goldenen Apfelschnecke ist weit und reicht von pflanzlicher bis zu tierischer Substanz. Je älter die Schnecken werden, umso härteres Pflanzenmaterial können sie vertilgen. Innerhalb einer Woche benötigen sie etwa so viel Nahrung, wie es ihrem Körpergewicht entspricht. In ihrer natürlichen Umgebung sind sie zur Eiablage auf Gräser und Pflanzenstängel oberhalb der Wasseroberfläche angewiesen. Nach zwei Wochen schlüpfen die Jungtiere aus den knallig pinkfarbenen Gelegen.

Wo die Goldenen Apfelschnecken invasiv sind, können sie Pflanzen wie Reis und Taro als Substrat für die Fortpflanzung nutzen und dabei große Fressschäden an den Kulturen anrichten. Eingebürgert wurden sie durch ausgesetzte Aquarientiere, die zu groß geworden waren und in den Becken nicht mehr gehalten werden konnten. Diese Einschleppungen werden auch als „Aquarium Dumping" bezeichnet. So sind sie in Spanien im Ebro-Delta, in den USA, auf Hawaii, in Südostasien, wo Taro traditionell eine große Rolle spielt, in China und neuerdings auch in Chile zu finden.

Das Gelege der
Goldenen Apfelschnecke

Der Goldschakal

Erste Sichtungen in Deutschland

Kaum jemand hat ihn je gesehen – der Goldschakal (*Canis aureus*) durchstreift als dämmerungs- und nachtaktives Raubtier aber schon seit Jahren die deutschen Lande. Jetzt wurde sogar schon ein erster Wurf im Südschwarzwald durch den Einsatz von Wildkameras nachgewiesen. Der Goldschakal, wenig größer als der Fuchs und viel kleiner als der Wolf, erreicht bei einem Gewicht von fünfzehn Kilogramm eine Schulterhöhe von fünfzig Zentimetern. Goldgelb-grau ist sein Fell, woher sein Name rührt. Kennzeichnend sind sein kurzer buschiger Schwanz mit dunkler Spitze, das weiße Fell an der Schnauze und der Kehle sowie der rötlich gefärbte Rücken. Der Pfotenabdruck des Goldschakals ähnelt dem eines großen Fuchses, allerdings sind seine Mittelballen im unteren Teil verwachsen. Sein stärker kontrastierendes Winterfell ist länger und voluminöser.

Verbreitet ist der Goldschakal in Südostasien, Nord- und Ostafrika sowie Ost- und Südeuropa. Hier lebt er in kleinen Familienverbänden. Das Weibchen bringt nach sechzig Tagen Tragzeit sechs bis neun Welpen zur Welt. Sie werden drei Wochen lang nur gesäugt und dann mit ausgewürgtem Futter der Elterntiere versorgt. Nach sechs Wochen verlassen die meisten Jungtiere das Revier der Eltern. Einige verbleiben allerdings, um bei der Aufzucht des nächsten Wurfs zu helfen. Die Partner bleiben ihr bis zu zehn Jahre währendes Leben zusammen. Das breite Nahrungsspektrum des Goldschakals, das auch dem des Fuchses gleicht, macht ihn anpassungsfähig für die verschiedensten Lebensräume. Dort, wo sich die Reviere von Goldschakal und Fuchs überschneiden, weichen die Füchse aus; wo sich die Reviere mit denen von Wölfen überschneiden, werden sie ausgelöscht, wenn sie nicht rechtzeitig abwandern. Für Menschen stellt der Goldschakal, nicht nur wegen seiner Lebensweise, keine Gefahr dar. Ob er eine Gefahr für unsere Lebenswelt darstellt, kann zum derzeitigen Zeitpunkt mit den seltenen Sichtungen noch nicht gesagt werden.

Der Götterbaum

Von verdrängendem Wesen

Der Götterbaum (*Ailanthus altissima*) ist ein in China und Nordvietnam beheimateter schnellwüchsiger Laubbaum. Der anspruchslose Baum verträgt Hitze und Trockenheit, ist stadtklimafest und salzverträglich. Er wird fünfundzwanzig bis dreißig Meter hoch mit einer bis zu zehn Meter breiten Krone. Seine gefiederten Blätter sind einen halben Meter lang und bis zu 25 Zentimeter breit. Seine Blüten erscheinen im Juli/August in zwanzig Zentimeter langen Rispen aus vielen kleinen Einzelblüten – eine wahre Bienenweide! Seine vier Zentimeter langen, hellbraun bis leuchtend roten Nüsse tragen pergamentartige Flügel.

In China fand der Götterbaum als Nutzholz Verwendung. Sein Laubwerk wurde als Ersatzfutter in der Seidenspinnerei anstelle des empfindlichen Maulbeerbaums genutzt. Außerdem spielte er in der traditionellen chinesischen Medizin eine Rolle. 1840 brachte ein Jesuitenmönch Samen des Götterbaums nach Europa. Seither schmückt das attraktive Gehölz als viel bewunderter Exot Parks und Gärten. Auch in Nordamerika ist er inzwischen etabliert. Doch dann begann der Götterbaum, sich eigenständig auszubreiten und die Großstädte zu erobern. So entwickelte sich der beliebte Park- und Straßenbaum zur invasiven Art, die sich kaum noch eliminieren lässt, wenn sie erst einmal von einem Standort Besitz ergriffen hat. Ein Grund, weshalb der Götterbaum als robuster Stadtbaum so schwierig zu bekämpfen ist, liegt an seinen knorrigen Wurzeln, die zahlreiche Ausläufer bilden, die immer wieder austreiben, selbst wenn man den Baum auf den Stock gesetzt hat. Doch handelt es sich bei den meisten Straßenbäumen um Selbstaussaaten, die den Platz eingegangener Straßenbäume einnehmen. Da der Götterbaum nicht besonders winterhart ist, konnte er sich in Deutschland mit seiner andere Arten verdrängenden Art eher im Süden verbreiten. Aber das Stadtklima scheint ihm gut zu bekommen. Berlins Baumkataster weist alleine 3.300 Exemplare aus!

Die Große Achatschnecke

Äußerst gefräßig

Die Große Achatschnecke (*Lissachatina fulica*) zählt mit einer Körperlänge von bis zu 30 Zentimetern in einem Gehäuse von bis zu 20 Zentimetern in freier Wildbahn zu den größten Landschnecken. Ihre ursprüngliche Herkunft ist Ostafrika einschließlich Madagaskar. Die in vielen Varianten auftretende Färbung ihres vertikal gestreiften konischen Gehäuses variiert von kaffeebraun bis hellbraun. Sie ernährt sich pflanzlich, liebt Blumen, Gemüse und zerfallende organische Stoffe. Auch soll sie gelegentlich andere Schnecken jagen. Trockenzeiten in ihren tropisch-feuchten Lebensräumen überwindet sie in Trockenruhe, bei der sie ihr Gehäuse verschließt. Die hermaphroditischen Tiere müssen sich mit einer anderen Schnecke paaren, um Eier zu produzieren. Die Eier sind 5 Millimeter lang und werden in Gelegen um 300 Eier in Erdhöhlen abgelegt. Sie schlüpfen nach 2 bis 4 Wochen, brauchen etwa ein Jahr bis zur Reife und können 10 Jahre alt werden.
Die Große Achatschnecke ist versehentlich über den Handel und absichtlich nicht zuletzt auch als Terrarientier über die tropische Welt der Erde verbreitet worden. Hier hat sie sich massenhaft vermehrt, sodass sie heute zu den 100 problematischsten invasiven Arten gezählt wird. Der Schaden für die Landwirtschaft ist immens, vor allem Gemüsekulturen werden von ihr beeinträchtigt. Dazu ist die Große Achatschnecke auch Krankheitsüberträger. Sie ist der Zwischenwirt des Ratten-Lungenwurms, über den eine eosinophile Meningoenzephalitis, eine Entzündung des Gehirns und der Hirnhäute, ausgelöst wird, wenn nicht durchgegarte Schnecken oder ihre Eier verzehrt werden. Die Schnecken selbst gelten als Delikatesse in der afrikanischen Küche und werden auch in ostafrikanischen Kulturkreisen, die in die Karibik übertragen wurden, rituell eingesetzt – aber das dezimiert sie kaum.

Die Grüne Gabelalge

Lebensraum für Meeresschnecken

Gabelalgen sind mit verschiedenen Unterarten über die ganze Welt verbreitet. Sie fehlen in extrem heißen und kalten Habitaten, sind aber überwiegend wärmeliebend. Die Grüne Gabelalge (*Codium fragile ssp. Atlanticum*) stammt ursprünglich aus Ostasien in der Region um Japan. Sie ist eine der schönsten Grünalgenarten, deren Form an Korallen erinnert, und die deswegen auch gerne in Aquarien gehalten wird. Sie lebt an felsigen Küsten und wird etwa zwanzig bis fünfzig Zentimeter groß. Sie betreibt Fotosynthese und ernährt sich von gelösten organischen Stoffen wie Natriumchlorid, Calcium, Magnesium, Kalium etc. sowie anorganischen Stoffen wie Kohlenhydraten, Proteinen, Nukleinsäuren etc. Die bis zu drei Kilo schwere Alge hat sich fingerartig gabelnde Äste. Die Zweige tragen dichte kurze Haare und weisen bis zu zwölf Verzweigungen auf. Sie bildet Sauerstoff und ist deswegen schwimmfähig. Seit zweihundert Jahren hat sich die Grüne Gabelalge weit ausgebreitet und vor allem in Großbritannien etabliert. Hier lebt sie im Gezeitenbereich. Durch das Aufkommen der Dampfschiffe wurde ihre Ausbreitung gefördert. Aber auch das Bevölkerungswachstum spielte eine Rolle. Armut brachte die Menschen dazu, vermehrt heimische Algen zu sammeln. Diese Leerräume wurden dann von der Grünen Gabelalge besetzt, sodass sie zunehmend die heimischen Arten verdrängte. Sie gilt daher als lästiger Eindringling. In der DAISIE-Liste (Inventory of Alien Invasive Species in Europe) gilt sie als eine der „100 schlimmsten" Eindringlinge in Europa. Neben der Artenverdrängung bereitet die Alge weitere Probleme. Sie verklebt die Fanggeräte der Trawler, schädigt Aquakulturen und verschmutzt die Strände. Sie überwuchert Rotalgen, die für die Nutzung in der Agrarerzeugung gezüchtet werden, was die Ernte der Pflanze reduziert. Die Invasion der Alge zeigt aber auch positive Auswirkungen. So bietet sie neuen Lebensraum etwa für Meeresschnecken. Eliminieren kann man sie ohnehin nicht mehr.

Die Grüne Reiswanze

Ein saugender Schädling

Die invasive Grüne Reiswanze (*Nezara viridula*) ist nicht zu verwechseln mit der heimischen, harmlosen Grünen Stinkwanze (*Palomena prasina*). Beiden ist die grüne Grundfarbe eigen, die Reiswanze weist dagegen drei bis fünf weiße Punkte entlang des Vorderrandes des Schildchens auf, das beiderseits mit einem dunklen Punkt versehen ist. Auch ist sie mit 12 bis 17 Millimetern Länge deutlich größer als die heimische Art. Ihre ursprüngliche Heimat ist Ostafrika. Sie wurde im Zuge der Zunahme des weltweiten Handels mit Transporten landwirtschaftlicher Güter in die Vereinigten Staaten und in den Mittelmeerraum eingeschleppt. Zunächst konnte sie sich in Deutschland nicht dauerhaft ansiedeln, doch im Zuge des Klimawandels ist sie seit 2010 am Oberrhein etabliert.

Als Pflanzensaftsauger, die sich an über 30 Pflanzenarten bedienen, sind Grüne Reiswanzen im ursprünglichen Verbreitungsgebiet ein Dauerschädling in der Landwirtschaft. Zudem verbreiten sie beim Saugen auch Pflanzenkrankheiten. Angestochenes Obst und Gemüse ist nicht mehr vermarktungsfähig und kann sogar zum Totalverlust der Ernte führen. Unbemerkter Befall an Beerenobst lässt dieses „wanzig" schmecken. Hierzulande bereiten Reiswanzen inzwischen hauptsächlich in Gewächshauskulturen Probleme.

Nach der Überwinterung in frostsicheren Verstecken beginnen die Reiswanzen ab Mai mit der Paarung. Danach werden vom Weibchen an die 100 Eier auf Blattunterlagen abgelegt. Die Nymphen schlüpfen nach wenigen Tagen, häuten sich nach und beginnen dann zu saugen. In dieser Entwicklungszeit durchlaufen sie insgesamt fünf Stadien, in denen sie deutlich erkennbar lebhaft gefärbt und somit leicht zu erkennen sind, bis sie zur adulten Reiswanze werden. Eine zweite Generation im Jahr ist möglich. In Mitteleuropa haben Reiswanzen keine natürlichen Fressfeinde, einzig eiparasitäre Schlupfwespen sind ihre Gegenspieler.

Der Halsbandsittich

Ein krakeelender Neubürger

Der Halsbandsittich (*Psittacula krameri*) ist ein 130 Gramm schwerer und 40 Zentimeter großer Papagei, der ursprünglich in der Sahelzone Afrikas und auf dem indischen Subkontinent zwischen Pakistan und Sri Lanka beheimatet ist. Sein Gefieder ist grün, die Unterseite gelb-grün. Der Oberschnabel ist rot gefärbt, der Unterschnabel rot bis schwärzlich. Im Nacken zeigen die Männchen einen leichten Blaustich. Unter dem Kinn tragen sie das typische Halsband, das in ein rosa Nackenband ausläuft. Auffällig ist der rote Lidring. Jungtiere ähneln im Gefieder den Weibchen.

Der Halsbandsittich hat sich als Kulturfolger des Menschen völlig neue Lebensräume erobert. Schon Alexander der Große brachte diesen reizvollen Vogel nach Griechenland, der seither auch als „Kleiner Alexandersittich" bezeichnet wird. Inzwischen hat er sich in vielen Teilen Europas eingenistet, alleine in den Niederlanden sollen es Tausende Tiere sein. In Deutschland traten Halsbandsittiche erstmals Ende der 1960er-Jahre als Zooflüchtlinge oder freigelassene Käfigvögel in Köln auf. Hier bilden sie inzwischen große Schwärme, die sich am Abend über der Stadt laut krakeelend sammeln, um dann auf ihren ausgewählten Schlafbäumen zu übernachten, eine Menge Kot hinterlassend. Damit nicht immer die gleichen Anwohner durch die Tiere belästigt werden, führt die Stadt Köln „Vergrämungsmaßnahmen" durch.

Halsbandsittiche brüten in Baumhöhlen, die sie oft in Baumbeständen von Parks und Friedhöfen finden, wobei sie Platanen bevorzugen. Sie haben aber auch schon die Styroporschicht der Außenfassaden wärmegedämmter Gebäude für ihr Brutgeschäft erkannt. Sie ernähren sich von Knospen, Blüten, Samen oder Früchten verschiedenster Baumarten. Fressfeinde haben sie kaum. Gelegentlich greift sich der Wanderfalke ein Exemplar. Aber als schädlich für die einheimische Vogelwelt haben sie sich noch nicht erwiesen.

Der Hammerhaiwurm

Vertilgt Regenwürmer

Ursprünglich wohl im tropischen und subtropischen Südostasien beheimatet, marodiert die wegen ihres halbmondförmigen Kopfes Hammerhai (*Bipalium kewense)* genannte räuberische Landplanarie durch die Kontinente – nur in der Antarktis ist sie noch nicht aufgetaucht. Wenig schmeichelhaft sind ihre weiteren Bezeichnungen „Schaufelköpfiger Gartenwurm“ oder „Hammerkopf-Gartenwurm“.

Landplanarien sind eine Familie der Strudelwürmer. Es handelt sich um wurmähnliche, runde oder abgeplattete Organismen. Sie sind in der Regel bis zu zwanzig Zentimeter lang. Hinter dem Mund öffnet sich der kennzeichnende dreischenklige Darmkanal. Ihr Nervensystem ist bauchseitig angelegt. Sie bewegen sich kriechend über Zellfortsätze an der Sohle und kombiniert durch Muskelkontraktionen. Landplanarien leben räuberisch und ernähren sich hauptsächlich von anderen wirbellosen Tieren, indem sie sie mit Gewalt überwältigen oder mit Gift töten. Zu ihrem Beutespektrum zählen Tausendfüßler, Asseln, Schnecken, Insekten und Würmer. Die Lieblingsspeise der sogar bis dreißig Zentimeter langen Hammerhaiwürmer sind Regenwürmer, die sie durch chemische Reize aufspüren. Sie umschlingen ihre Beute, stülpen ihren rüsselartigen Mund darüber, lösen das Gewebe durch ausgestoßene Verdauungsenzyme auf und pumpen den Saft durch ihren rüsselartigen Schlund in den Darm. Hammerhaiwürmer sind Zwitter, wobei sich das männliche Geschlecht vor dem weiblichen bildet. Sie vermehren sich durch abgelegte Eikokons, aus denen nach mehreren Tagen die Jungen schlüpfen, oder auch asexuell durch Abwerfen der hinteren Partie, der ein neuer Kopf anwächst. Seit den 1880er-Jahren ist der Hammerhaiwurm in Europa nachgewiesen, zunächst im feucht-warmen Lebensraum in Gewächshäusern, so z. B. in den Kew Gardens in London – daher sein botanischer Name. Durch seine Giftigkeit hat er keine Fressfeinde und kann bei uns so zu einer großen Gefahr für die Regenwurmpopulationen werden. Jedenfalls beklagen sich schon US-Regenwurmfarmer vehement über Hammerhaiwürmer.

Der Hasenkopf-Kugelfisch

Lästig und giftig

Der Hasenkopf-Kugelfisch (*Lagocephalus sceleratus*) ist eines von vielen Beispielen der sogenannten „Lessepsschen Migration". Damit ist die Möglichkeit des Austausches von Lebewesen zwischen dem Roten Meer und dem Mittelmeer gemeint, wie sie durch den Bau des Suezkanals unter der Leitung von Ferdinand de Lesseps geschaffen wurde. Auf diesem Weg kam auch der tropische Hasenkopf-Kugelfisch ins Mittelmeer, wo er 2003 erstmals vor der türkischen Küste auftauchte und sich seither zu einem großen Ärgernis für die Fischer entwickelte. Er wird einen halben bis einen Meter lang und wiegt um die sieben Kilo. Sein Kopf erinnert ein wenig an den des Hasen, weil er so in die Länge gezogen ist. Im Gegensatz zu den meisten anderen Kugelfischarten ist er ein guter Schwimmer und bläht daher seinen Bauch nicht so häufig auf. Wenn er sich bedroht fühlt, flieht er lieber. Seine Beute besteht aus Tintenfischen, Krabben, Shrimps und Muscheln, die er mit seinen vier kräftigen Zahnplatten knackt. Damit greift er vor allem an Schnüren gefangene Fische an und zerreißt die Fangnetze.

Zum Verzehr ist der Hasenkopf-Kugelfisch nicht geeignet, weil er giftig ist. Das Tetrodotoxin, das der Fisch etwa in der Leber trägt, lähmt die Muskeln und kann mitunter tödlich sein. Sobald die Lähmung die Atemmuskulatur befällt, besteht akute Lebensgefahr. Dann hilft nur noch künstliche Beatmung, bis die Wirkung des Gifts nachlässt. So ist er in doppelter Hinsicht von Schaden für die Fischer, denn ihr Fang ist nicht verkäuflich. Sie töten ihn und schmeißen ihn ins Meer zurück, nicht einmal die Möwen gehen an ihn ran. Und mangels Fressfeinden vermehrt sich der Hasenkopf-Kugelfisch rasant im Mittelmeer. So ist er mehr als ein lästiger Meeresbewohner für die Fischer, er zerstört zudem durch seine Überpräsenz das Ökosystem im Meer. Und durch die Erderwärmung, die zu steigenden Temperaturen im Mittelmeer führt, wird seine Verbreitung noch begünstigt. Doch die türkische Regierung greift ein und setzt ein Kopfgeld auf gefangene Hasenkopf-Kugelfische aus.

Die Hausratte

Ein Allesfresser

Die Hausratte (*Rattus rattus*), auch als Schiffs- oder Dachratte bezeichnet, ist eine in Mitteleuropa invasive Art, die allerdings zu den Archäozoen zählt, da sie in mehreren Wellen bereits seit vorgeschichtlicher Zeit zugewandert ist. Als Kulturfolger passte sie sich der Lebensweise der Menschen an, die sie mit Schiffen und anderen Transportmitteln verbreiteten – und Krankheiten wie die Pest mitschleppte (siehe Anhang 1). Ihre ursprüngliche Heimat sind warme Felslandschaften Hinterasiens. Mit dem bronzezeitlichen Fernhandel kam sie von Indien in die frühen Siedlungsstätten der Menschen im Nahen Osten und über das Römische Reich nach Mitteleuropa. Nach dem Zusammenbruch des Römischen Reichs sank die Rattenpopulation und stieg erst wieder mit der Stadtentwicklung seit dem Mittelalter an. In Europa wird ihre Population aber immer stärker durch die größere und kräftigere Wanderratte (*Rattus norvegicus*) bedrängt, sodass die Hausratte inzwischen sogar auf der Roten Liste der gefährdeten Arten steht.

Die grauschwarzen Hausratten mit einer Körpergröße von zwanzig Zentimetern und gleich langem Schwanz leben als soziale Tiere oft in großen Trupps im menschlichen Umfeld in Wohnhäusern und Vorratsgebäuden. Als Allesfresser nehmen sie neben pflanzlicher Kost aller Art auch tierische Nahrung zu sich. Die Fortpflanzung erfolgt ganzjährig. Jeweils über zehn Junge sind spätestens sechs Monate nach der Geburt geschlechtsreif. Ihre Fressfeinde sind Hunde, Katzen, Marder und Eulen. Dort, wo diese Fressfeinde fehlen, kann es aufgrund der hohen Fruchtbarkeitsrate zur explosionsartigen Vermehrung führen. Solche Probleme treten vor allem auf kleinen, von Hausratten besiedelten Inseln auf, wie dies im Pazifischen Ozean der Fall ist. Ein trauriges Beispiel dafür, dass Hausratten ganze Tierarten auslöschen können, bietet der auf den Marquesas-Inseln beheimatete, vom Aussterben bedrohte Ultramarin Lori (*Vini ultramarina*), der 2008 auf Fatu Hiva, Ua Pu, and Nuku Hiva von den Ratten ausgerottet wurde. Die Insel Ua Huka konnte von Ratten befreit werden. Durch ein Wiederansiedlungsprogramm leben dort wieder zweitausend Altvögel des Ultramarin Lori.

Der Herbst-Heerwurm

Ein großer Agrarschädling

Der Herbst-Heerwurm (*Spodoptera frugiperda*) ist eine Schmetterlingsart aus der Familie der Eulenfalter (Noctuidae), ursprünglich beheimatet in den tropischen und subtropischen Gebieten Nord- und Südamerikas. Zu seinen Nahrungspflanzen gehören neben Hirse, Sojabohnen, Erdnüssen und Kartoffeln vor allem Mais, in deren Kulturen er großen Schaden anrichtet. An sich kann er nur in warmen Regionen überwintern, aber aufgrund seines großen Flugvermögens breitet er sich weit darüber hinaus aus. Bis zu hundert Kilometer weit kann der Falter in einer Nacht zurücklegen.

Probleme bereiten die nicht einmal vier Zentimeter langen, gefräßigen Raupen des Herbst-Heerwurms. Wenn sie sich zu Tausenden auf ein Feld stürzen, ist die Ernte schnell vernichtet. Ist ein Feld „abgeerntet", ziehen sie nach dem Fressgelage weiter, weshalb sie den englischen Namen „armyworm" tragen. Auf ihrem Entwicklungsweg durchlaufen die Raupen sechs Stadien, bis sie sich nur knapp unter der Oberfläche im Erdboden verpuppen. Das kann je nach Temperatur 30–90 Tage bis zum adulten Falter dauern, was also viele Generationen jährlich ergibt! Die frisch verpuppten weiblichen Falter sorgen dann schnell für Nachwuchs und legen dafür bis zu 1.000 Eier.

Im Jahr 2016 tauchte der Herbst-Heerwurm erstmals in Nigeria auf, im Folgejahr schon im 5.000 Kilometer entfernten Südafrika. Experten der Welternährungsorganisation (FAO) warnen vor enthemmten Raupenplagen in Afrika. Auch Europa sei angesichts seines Flugvermögens nicht sicher. Eine Einschleppung durch kontaminierte Ware sei jederzeit möglich, frostfreie Gewächshäuser und Lagerhallen könnten dem Schädling geeignete Überwinterungsorte bieten. Dadurch gilt der Herbst-Heerwurm als sogenannter Quarantäneorganismus, dessen Verbreitung von vornherein durch eine Meldepflicht, zusätzliche Anforderungen an Agrarimporte und nicht zuletzt durch den Einsatz phytosanitärer Maßnahmen verhindert werden muss.

Die Herkulesstaude

Gefährliche Schönheit am Wegesrand

Die auch Riesen-Bärenklau genannte Herkulesstaude (*Heracleum mantegazzianum*) stammt ursprünglich aus dem Kaukasus und ist mit bis zu drei Metern Wuchshöhe doppelt so groß wie seine heimische Verwandte, der Wiesen-Bärenklau (*Heracleum sphondylium*). Während nach Berührung des ausgewachsenen Wiesen-Bärenklaus höchstens die als „Wiesen-Dermatitis" bezeichneten Rötungen und Schwellungen der Haut auftreten, stellt die phototoxische Wirkung des Riesen-Bärenklaus eine echte Gefahr für die Gesundheit der Menschen dar. Diese Wirkung wird durch die Furocumarine ausgelöst, Inhaltsstoffe, die sich in der ganzen Pflanze, aber insbesondere im Pflanzensaft befinden, und auf UV-Strahlung reagiern. Bei Berührung und Sonneneinstrahlung zeigen sich nach spätestens zwei Tagen schwere Hautentzündungen mit starker Blasenbildung, die denen von Verbrennungen dritten Grades gleichen und in schweren Fällen zu längeren Krankenhausaufenthalten führen. Auch die Bildung von Hautkrebs ist nicht auszuschließen.
Erstmals tauchte der Riesen-Bärenklau im Jahr 1817 in der Samenliste des Londoner Botanischen Gartens auf. Seit 1850 ist die Pflanze in Deutschland nachgewiesen, wo sie sich ab etwa 1900 wegen ihres Blütenreichtums als Zierpflanze verbreitete. Neue Standorte findet die Pflanze durch Winddrift entlang von Verkehrswegen, entlang von Flüssen durch Wasserdrift, durch Baumaßnahmen mit Schuttverfuhr etc. So hat sich die Pflanze deutschlandweit und speziell in Nordrhein-Westfalen am Niederrhein, in der Rheinischen Bucht, in Ostwestfalen, den höheren Mittelgebirgen und im Münsterland angesiedelt. Zur Bekämpfung müssen die Pflanzen vor der Blüte beschnitten, noch besser komplett mit der Wurzel entsorgt werden. Dabei bitte Schutzkleidung tragen und die Pflanzenreste verbrennen!

Die Hirtenmaina

Attraktiv und aggressiv

Die Hirtenmaina (*Acridotheres tristis*) ist ein attraktiver Singvogel, dessen ursprüngliches Verbreitungsgebiet in Südasien von Afghanistan über Indien, Sri Lanka bis Malaysia reicht. Fünfundzwanzig Zentimeter groß wird dieser Vogel, der hauptsächlich braun gefärbt ist. Sein Kopf und die Brust setzen sich dunkelgrau ab. Die Flügelbinden, Bürzel und Steiß sind cremeweiß. Charakteristisch an diesem Vogel sind seine gelben Farbelemente, die seinen Schnabel, die nackte Haut um die Augen und die kräftigen Beine auszeichnen. Die Geschlechter lassen sich übrigens kaum unterscheiden.
Die Hirtenmaina ist ein Allesfresser, der sich von Früchten, Samen, Insekten, kleinen Reptilien und Eiern ernährt und in seinem ursprünglichen Lebensraum in offenen Wäldern lebt. Als Kulturfolger konnte sie sich außerordentlich gut an urbane Ökosysteme anpassen. Der Mensch hat sie als Ziervogel über weite Teile der Erde verbreitet, so nach Südafrika, Australien, Neuseeland, Nordamerika, Hawaii bis Spanien. Hier gelang ihr der Weg in die freie Wildnis, wo sie ihre neuen Lebensräume in Savannen, Buschland, Feldern und auch im urbanen Milieu fand. Außerhalb der Brutzeit versammeln sich die Hirtenmainas zur Dämmerung in großen Schwärmen zum Schlafen in Bäumen und kommunizieren dort mit gurgelnden, quiekenden und klickenden Tönen. Übrigens können sie auch menschliche Stimmen nachahmen. Seit 1874 ist die Hirtenmaina im Bestand des Zoologischen Gartens Köln enthalten und seit 1880 wird sie als Ziervogel von Vogelhändlern angeboten. Durch ihr aggressives Verhalten hat sie sich Konkurrenzvorteile um Nahrung und Nistplätze gegenüber heimischen Vogelarten geschaffen. Sie neigt dazu, andere Vogeleier zu zerstören und Jungvögel zu fressen, was sich besonders negativ auf den pazifischen Inseln auswirkt. Noch besteht keine Gefahr für einheimische Arten in Mitteleuropa, dennoch ist sie weltweit unter den gefährlichsten invasiven Arten aufgelistet.

Der Horn-Sauerklee

Unbeliebt bei Landwirten

Welcher Gartenbesitzer kennt nicht den kleinen Klee mit den niedlichen gelben Blüten, der sich in den Ritzen der Terrassenplatten breitmacht und kaum zu entfernen ist. Die Pflanze stammt ursprünglich aus dem Mittelmeerraum, könnte aber schon seit der Antike in Mitteleuropa heimisch sein und würde dann zu den Archäophyten zählen. In der Regel schleppt man den Horn-Sauerklee mit gekauften Pflanzen ein und wird ihn kaum wieder los. Seine Widerstandsfähigkeit ist bewundernswert, denn diese Kleeart vermehrt sich sowohl über Wurzelausläufer als auch über Samen. Ist es zu trocken, verwelkt die Pflanze, treibt aber unter besseren Bedingungen wieder aus. Glaubt man also, man ist das „Unkraut" los, kommt es doch wieder. Und für Landwirte ist dieses Kraut lästig, verbreitet es sich doch auf Weiden und wächst in Gemüse- und Obstkulturen.

Der bis fünfzehn Zentimeter hohe Horn-Sauerklee (*Oxalis corniculata*) ist sowohl einjährig als auch mehrjährig. Sein Hauptspross bildet bis zu vierzig Zentimeter lange Seitentriebe, die sich bei Bodenkontakt verwurzeln. Auch die niederliegenden Blütenstängel verzweigen sich und bilden Wurzeln. Die üblicherweise dreigefingerten Blätter sind bräunlich, die kleinen fünfblättrigen Blüten gelb. Sie öffnen sich bei direktem Sonnenlicht und werden von Bienen bestäubt. Ihre behaarte Kapselfrucht enthält in jedem Fach mehrere Samen. Diese sind bei Ameisen besonders beliebt und werden von diesen verschleppt, was zur weiteren Verbreitung des Horn-Sauerklees beiträgt.

Inzwischen ist Horn-Sauerklee weltweit bis in die gemäßigte Zone der Nordhalbkugel (bis etwa 60° nördlicher Breite) anzutreffen und auch in weiten Teilen Südamerikas, Afrikas und Australiens eingebürgert. Neben dem überregionalen Pflanzenhandel sind es die Samen und vor allem die Wurzelausläufer, die zur teppichartigen lokalen Ausbreitung führen. Es ist gerade diese Eigenschaft, die die Gartenbesitzer animiert, Horn-Sauerklee als Randbepflanzung oder als Bodendecker einzusetzen.

Der Iiwikleidervogel

Leidet unter der eingeschleppten Vogelmalaria

Bei den Kleidervögeln handelt es sich um eine Familie von endemischen Finken auf der Hawaii-Inselgruppe. Innerhalb dieser Familie ist der Iiwikleidervogel (*Drepanis coccinea)* der letzte überlebende Vertreter der ehemals aus drei Arten bestehenden Gattung der *Mamos* (= Kleidervögel). Lautstark und auffällig bunt spielt er eine wichtige Rolle in der althawaiianischen Mythologie. Sein deutscher Name leitet sich von der Verwendung seiner farbenfrohen Federn für repräsentative Bekleidungen hawaiianischer Adeliger ab.

Der Iiwikleidervogel wird fünfzehn Zentimeter groß und zwanzig Gramm schwer, wobei die Männchen als einzigen sichtbaren Unterschied größer als die Weibchen sind. Ihr Gefieder ist zinnoberrot, am Flügel und am Schwanz sind glänzend schwarze Färbungen zu sehen. Die rote Färbung soll er übrigens vom legendären hawaiianischen Halbgott Māui erhalten haben. Die Jungvögel sind vor der Mauser völlig anders gefärbt. Neben seiner auffälligen Färbung ist das weitere charakteristische Merkmal des Iiwikleidervogels sein fast drei Zentimeter langer, gebogener Schnabel, um damit Nektar, seine hauptsächliche Nahrung neben kleinen Insekten, aufzunehmen. Der im Bestand gefährdete Vogel kommt auf drei Inseln noch relativ häufig vor, auf weiteren nur noch selten und auf der Insel Lāna'i ist er ausgestorben. Die Bedrohung der Vögel geht nicht nur von der anhaltenden Entwaldung der Inseln, sondern wesentlich mehr von der eingeschleppten Vogelmalaria aus. Ihr Erreger *Plasmodium relictum* befällt die Unterart *Culex pipiens pipiens* der Gemeinen Stechmücke, die an sich in den Tropen verbreitet ist. Infizierte Iiwikleidervögel sterben zu neunzig Prozent, bei Mehrfachinfektion besteht keine Überlebenschance mehr. In höher gelegenen Arealen über tausend Meter können die Mücken aber nicht überleben. Doch steigt diese Höhengrenze durch den Klimawandel auch auf den Hawaii-Inseln an …

Der Japanische Beerentang

Ein Ostasiate im Wattenmeer

Seit den 1930er-Jahren begannen die Seegraswiesen in der Nordsee durch vermehrten Nährstoffeintrag auszusterben, und mit ihnen verloren die Seepferdchen (*Hippocampus hippocampus*) ihren Lebensraum. Erst seit sich die Wasserqualität wieder verbessert hat, haben sich die Seegraswiesen im Wattenmeer wieder ausgebreitet. Aber auch die Invasion des Japanischen Beerentangs (*Sargassum muticum*) hat dazu beigetragen, denn dieser besetzt auch Lebensräume, die zuvor von den Seegraswiesen besiedelt waren.

Der Japanische Beerentang zählt zu den Braunalgen. Diese mehrjährige Alge hat ihren ursprünglichen Lebensraum im Pazifik und ist zusammen mit japanischen Zuchtaustern zunächst an die Küsten der Vereinigten Staaten und dann auch in die Nordsee gelangt. Sie siedelt auf festem Substrat in Tiefen von zwei bis im Extremfall dreißig Metern. Sie ist olivgrün bis braun gefärbt. Aus den mittigen Hauptachsen mit wechselständigen Seitenzweigen wachsen Phylloide, die blattartigen Strukturen der Algenarten. Normalerweise wird die Alge um die zwei Meter lang, kann aber auch Längen von über zehn Meter erreichen. Der einheimische Blasentang, auch Seetang genannt, weist dagegen nur eine Länge um dreißig Zentimeter auf. So bildet der Japanische Beerentang flutende Matten an der Meeresoberfläche, was die an besonderen Kurztrieben gebildeten erbsengroßen Schwimmblasen, die wie Beeren aussehen, ermöglichen. Diese Alge kann dann auch im Meer treibend angetroffen werden. Längst bildet der Japanische Beerentang auf dem Meeresboden dichte Bestände, in denen viele Schnecken, Krebse und Fische Schutz und Nahrung finden und bietet zugleich Futter für Algenfresser. So hat der Japanische Beerentang als invasive Art überwiegend positive Effekte auf die heimische Tierwelt, verändert aber Lebensräume und kann auf felsigem Grund kleinere Algenarten überschatten.

Das Kaktusmoos

Das Leichentuch der Dünenheide

Das australische Kaktusmoos *(Campylopus introflexus)* ist ein Neuankömmling in Nordamerika und Europa. 1940 erreichte es England, dann um 1960 Frankreich und die Niederlande. Wenig später war es auch im Münsterland und an der deutschen Küste angekommen. Inzwischen ist dieses invasive Moos von Spanien bis Polen sowie im Westen der USA und Kanadas verbreitet.

Kaktusmoos wird am Stamm bis zu fünf Zentimeter hoch. Seine fünf Millimeter langen lanzettlichen Blätter tragen an der Spitze stachelige Glashaare, woher der Name der Pflanze rührt. Bei normaler Feuchtigkeit stehen diese Blätter vom Stamm ab, wird es trockener, knicken sie und die Glashaare ab. Dadurch entsteht das für diese Laubmoosart typische Erscheinungsbild, das wie ein heller Stachelpelz erscheint. Lebensraum bieten dem Kaktusmoos trockene saure Böden, wie z.B. offene Sandflächen oder Küstendünen und Heideflächen sowie Trocken-, Halbtrocken oder Magerrasen sowie trockene Sand- und Lehmböden. Die Vermehrung erfolgt ungeschlechtlich durch abgebrochene Stammspitzen, die durch Wind, Vögel, Verpackungsmaterial oder gar unbemerkt durch den Menschen über Kleidung und Schuhe verbreitet werden. Auf diese Weise können die Stammspitzen auch weit entfernte Standorte neu besiedeln. Gleichermaßen, aber seltener, erfolgt eine natürliche Fernausbreitung von Sporen durch den Wind. Im Binnenland besiedelt Kaktusmoos eher kleinere Flächen, während es in den feuchteren Küstengebieten quadratmetergroße Teppiche bildet. Dabei werden vor allem die Silbergras- und Heidefluren überwuchert. Auch andere Dünenpflanzen gefährdet das Kaktusmoos, scheint sie aber in ihrer Existenz nicht grundsätzlich zu gefährden. Dennoch sind durch das Kaktusmoos Veränderungen in der Vegetationsstruktur festzustellen, was den Lebensraum von Heuschrecken, Spinnen und Laufkäfern sowie durch Überwucherung freier Sandflächen den für sonnenbedürftige Kleintiere wie etwa Grabwespen beeinträchtigt. Zu befürchten ist, dass sich das Kaktusmoos im Zuge des Klimawandels in Mitteleuropa weiter ausbreiten wird.

Die Kalifornische Kettennatter

Katastrophal für Gran Canaria

Durch ihre hellgelben Querbänder auf schwarzer bis dunkelbrauner Grundfärbung, teils mit einem schmalen weißen Rückenstreifen, ist die Kalifornische Kettennatter (*Lampropeltis californiae*) leicht von anderen Natternarten zu unterscheiden. Auch ist sie mit einer Länge von bis zu eineinhalb Metern größer als die meisten anderen Natternarten. Ihr ursprünglicher Lebensraum erstreckt sich im Westen Nordamerikas von Oregon bis Baja California, sie lebt in Halbwüsten, Steppen, Busch- und Waldlandschaften. Die Natter bewegt sich nicht nur am Boden, sondern kann auch klettern und schwimmen. Diese ungiftige Schlange kann bis zu zwanzig Jahre alt werden. Wird sie bedroht, klappert sie mit dem Schwanz. Zur Abschreckung ihrer Fressfeinde wie Greifvögel oder Kojoten versprüht sie ein stinkendes Sekret. Sie selbst ergreift als geschickter Jäger alles, was sie überwältigen kann – dazu gehören kleine Nagetiere, Vögel, andere Schlangen und vor allem Echsen.

Ende der 1990er-Jahre gelangte die Kalifornische Kettennatter als Haustier oder freigelassen nach Gran Canaria. Ihre Lebensbedingungen dort sind hervorragend, gleichen sie doch jenen im Westen Nordamerikas. Nur fehlen Greifvögel und Kojoten, was in kürzester Zeit eine massenhafte Vermehrung dieser Nattern auf der Insel zur Folge hatte. Der Bestandsrückgang der Gran-Canaria-Rieseneidechse, des Gestreiften Kanarenskinks und des Gestreiften Kanarengeckos ist eindeutig auf die Anwesenheit der invasiven Schlange zurückzuführen. Sie wird auf der Insel nachhaltig bekämpft, mehrere tausend Exemplare werden pro Jahr gefangen. Nun gilt es, die Übersiedlung der Kalifornischen Kettennatter auf die anderen Kanareninseln zu verhindern! Ob sie eine Überlebenschance in Deutschland hätte, wird bezweifelt. Theoretisch könnte sie die Bestände der Smaragdeidechse und Zauneidechse am Kaiserstuhl gefährden. Aber wer weiß, was der Klimawandel noch alles zu bieten hat …

Die Kanadische Goldrute

Auf Bahndämmen zu Hause

Die zu den Korbblütlern zählende Kanadische Goldrute *(Solidago canadensis)* stammt ursprünglich aus Nordamerika, wo sie schwerpunktmäßig im Osten zwischen Kanada und Mexiko anzutreffen ist. Sie bildet Pflanzenteppiche, deren goldgelbes Blütenmeer sich im Spätsommer ausbreitet. Diese Farbenpracht war es auch, die die Europäer schon im 17. Jahrhundert veranlasste, sie als Zierpflanze einzuführen. So ist sie erstmals 1648 in Paris nachweisbar. Im 19. Jahrhundert breitete sich die Kanadische Goldrute in Ziergärten aus, wo sie die Staudenbeete bereicherte, und fand dann den Weg in die freie Natur. Die Kanadische Goldrute ist eine krautige Pflanze, die bis zwei Meter hoch wird. Im Frühjahr erscheinen zunächst die lanzettförmigen, im vorderen Bereich gesägten Blätter und dann die Blüten tragenden, bogig gekrümmten Rispen. In den ersten Jahren bleibt die Pflanze noch übersichtlich, doch dann kommt ihre Wuchsfreudigkeit zum Tragen, die sie aus ihrer ursprünglichen Heimat mitgebracht hat. Sie breitet sich als invasive Pionierpflanze nicht nur über unterirdische Rhizome, sondern gleichermaßen über Samen zu flächendeckenden Beständen aus. Die Blütenstände bilden eine undurchlässige Oberfläche aus, die kaum noch Licht auf den Boden lässt. Pionierflächen sind sogenannte Ruderalflächen (lat. *rudus* = Schutt) wie Aufschüttungen, Schotter- und Trümmerflächen, Bahndämme, aber auch brach liegende Äcker. Dort verdrängt sie lichtliebende einheimische Pflanzen und damit auch die Tierarten, die von diesen Pflanzen leben. So schön die gelb leuchtenden Blütenflächen auch sind – die Kanadische Goldrute wieder loszuwerden ist mühsam, eigentlich nur durch mechanische Bearbeitung möglich. Andererseits darf nicht unberücksichtigt bleiben, dass sie eine zusätzliche Nahrungsquelle für die Tierarten bildet, die sich wie Bienen, Fliegen, Schwebfliegen und Falter an diese Pionierpflanze angepasst haben.

Das Kaninchen

Eine Plage für Australien

Als Kaninchen werden mehrere Arten und Gattungen aus der Familie der Hasen bezeichnet. Das europäische Wildkaninchen (*Oryctolagus cuniculus*) ist die einzige Art der Gattung Altweltliche Kaninchen. Es verbreitete sich im Zuge der Erwärmung nach der letzten eiszeitlichen Kaltzeit über Südeuropa und konnte sich seit der Antike in Westeuropa einbürgern. Es bildet die Stammform der Hauskaninchen. Wildkaninchen sind kleiner als Hasen, haben vor allem kürzere Löffel. Sie wiegen etwa zwei Kilo, sind vierzig Zentimeter groß mit einem als Blume bezeichneten, sieben Zentimeter langen Schwanz. Ihr Fell ist graubraun, im Nacken braun gefärbt. Die Pflanzenfresser leben gesellig in Gruppen und legen unterirdische Baue an. Ihre Vermehrungsrate ist außerordentlich hoch, fünf bis sieben Würfe pro Jahr sind normal. Diese hohe Fruchtbarkeit ist erforderlich, damit sie in ihrer angestammten Heimat angesichts von Raubtieren und Greifvögeln überleben können. Wildkaninchen wurden seit dem 18. Jahrhundert von den Menschen in Übersee ausgesetzt. Viele Versuche scheiterten, doch in Australien gelangen sie und hatten verheerende Folgen. Heute weiß man, dass die in Australien zur Plage gewordenen Kaninchen überwiegend von vierundzwanzig Exemplaren abstammen, die der Farmer Thomas Austin 1859 geschenkt bekommen und auf seinen Ländereien im Bundesstaat Victoria ausgesetzt hatte. Schon nach wenigen Jahren richtete er Kaninchenjagdpartys aus! Vorangegangene Aussetzungsaktionen waren unter anderem daran gescheitert, dass es sich überwiegend um domestizierte Kaninchen gehandelt hatte, die sich in der australischen Wildnis nicht durchsetzen konnten. Doch Mitte des 19. Jahrhunderts wurde das australische Outback in Weideland umgewandelt. Die Farmer jagten die Raubtiere, um ihr Vieh zu schützen, und boten so den Kaninchen ein Schlaraffenland. 200 Millionen von ihnen soll es in Australien geben. Der Schaden, den sie verursachen, geht in die Hunderte Millionen.

Die Kantige Laubschnecke

Eine bereichernde neue Art

Die Kantige Laubschnecke (*Hygromia cinctella*) ist ein gutes Beispiel dafür, dass zugewanderte Lebewesen auch eine Bereicherung für Ökosysteme darstellen können, in die sie eingedrungen sind. Die in Südeuropa beheimatete Schnecke ist wohl durch den Pflanzenhandel über Italien nach Zentraleuropa gelangt. In Ungarn wurde sie erstmals 1930 beobachtet. In den 1940er-Jahren tauchte sie über die Pyrenäen in Südfrankreich auf und ist seither im ganzen Land verbreitet. Deutschland und die Niederlande verzeichneten erste Funde in den 1990er-Jahren. Eine wissenschaftliche Bestandsaufnahme hat eine hohe Dichte der Kantigen Laubschnecke auf Berliner Friedhöfen festgestellt. Insofern kommen auch Garten- und Graberde als Transportmittel in Betracht. Da bislang noch zu wenig Kenntnis über die tatsächliche Verbreitung der Kantigen Laubschnecke vorliegt, ist nicht auszuschließen, dass ihr Bestand in Mitteleuropa längst viel höher ist, als man bisher angenommen hat. Eine Kantige Laubschnecke erkennt man an dem weißen Kiel ihrer zehn bis zwölf Millimeter breiten und an die sieben Millimeter großen hoch-kegelförmigen Gehäuse. Die Gehäuseschale ist weißgrau bis hornbraun und leicht durchscheinend, sodass man den marmorierten Weichkörper erkennen kann. Aus bis zu sechs Wirbeln wird die Schale gebildet. Die elliptische Mündung steht schräg zur Wachstumsachse der Windung. Der Weichkörper des Tieres ist hellgrau bis gelblich gefärbt, Kopf und Tentakeln sind meist etwas dunkler grau oder bräunlich gefärbt. Die Bewegungen der Tiere sind üblich langsam. Die Kantige Laubschnecke besiedelt offene, mit Kräutern und Sträuchern bewachsene, kühl-feuchte Biotope, wie sie in kultivierten Lebensräumen zu finden sind. Solche anthropogen beeinflussten Habitate sind oft durch eine Verarmung der Anzahl dort lebender Individuen gekennzeichnet. Neue, nicht dominante Arten wie die Kantige Laubschnecke können unter solchen Bedingungen entsprechende Habitate neu beleben.

Der Kartoffelkäfer

Neozoon trifft auf Neophyt

Das landläufig Büffelklette genannte Nachtschattengewächs, der Stachel-Nachtschatten (*Solanum rostratum*), ist die hauptsächliche Nahrungsquelle des Kartoffelkäfers (*Leptinotarsa decemlineata*) in seinem ursprünglichen Verbreitungsgebiet in Neumexiko. Erst als die Siedler bis in den Westen der USA vordrangen und den Anbau von Kartoffeln (*Solanum tuberosum*) vorantrieben, fand der Kartoffelkäfer Geschmack an den Kartoffel-Hochleistungssorten. Thomas Say, ein auf Insekten spezialisierter Biologe, beschrieb 1824 auf einer Expedition in die Rocky Mountains erstmals den Kartoffelkäfer. Als dann in den 1860er-Jahren in Colorado vermehrt Kartoffelfelder kahl gefressen wurden, wurde man sich der neuen Plage bewusst und nannte den Täter *Colorado Beetle* (= Colorado-Kartoffelkäfer). Die Art breitete sich rasant aus und hatte 1874 die Ostküste erreicht. Erste Funde in Deutschland 1877 lösten energische Reaktionen aus. Mit sogenanntem „Schweinfurter Grün", einem Kupferarsen, konnte man diese und spätere Befallsherde tilgen. Doch griff man nicht rechtzeitig genug ein, kam es schnell zu einem Massenauftreten. In Notzeiten vor und nach den Weltkriegen sammelten organisierte Suchtrupps, ganze Schulklassenverbände, die Käfer oder ihre Larven von den Blättern der Kartoffelpflanzen ab. Solche Plagen können aber wirkungsvoll nur mit Insektiziden bekämpft werden.

Etwas größer als einen Zentimeter sind die gelben Kartoffelkäfer mit zehn schwarzen Längsstreifen auf den Flügeldecken. Auf dem Halsschild befinden sich ebenfalls schwarze Flecken. Die Unterseite ist rot. Männchen und Weibchen sind kaum auseinanderzuhalten. Das Weibchen legt bis zu 2.000 zylindrische Eier an den Blattunterseiten ab, aus denen die Larven schlüpfen, die zunächst rotbraun, später gelb gefärbt und genauso gefräßig wie die adulten Käfer sind. Sie verpuppen sich im Boden. Pro Jahr treten zwei Generationen auf. Die Käfer überwintern im Boden.

Die Kirschessigfliege

Schwer zu bekämpfen

In ihrem südostasiatischen Ursprungsgebiet kann die Kirschessigfliege (*Drosophila suzukii*) bis zu fünfzehn Generationen pro Jahr hervorbringen (*(Kirschessigfliege)*). Beobachtet wurde sie erstmals zu Beginn des 20. Jahrhunderts in Japan, 1931 wurde sie erstmals zoologisch beschrieben. Die Kirschessigfliege hat sich im Zuge des weltweit gestiegenen Früchtehandels seit der Jahrtausendwende schnell in Nordamerika und Europa ausgebreitet. Die winzigen, zwei bis drei Millimeter großen Insekten gehören zur Gruppe der Obst-, Essig- oder Taufliegen und sind von vielen dieser Arten kaum zu unterscheiden. Kirschessigfliegen haben große rote Augen am Kopf ihres gelblich-braunen Körpers. Die Männchen tragen zudem einen dunklen Fleck im Bereich ihrer Flügelenden. Mit ihrem scharf gezähnten Legeapparat ritzen die Weibchen weichschalige Früchte an, um ihre Eier dort abzulegen. Im Gegensatz zur Essigfliege, die von faulenden und gärenden Früchten angezogen wird, wählt die Kirschessigfliege frische reife Früchte aus. Diese Eigenschaft macht sie besonders verlustbringend, können doch kurz vor der Ernte keine chemischen Bekämpfungsmittel mehr eingesetzt werden. Dazu kommt ihr breites Wirtspflanzenspektrum, das sie darüber hinaus so schädlich macht. Kirschfliegen befallen Beeren- und Steinobst wie Brombeeren, Erdbeeren, Himbeeren, Johannisbeeren, Blaubeeren, Pflaumen, Pfirsiche und vor allem Kirschen. Der Weinbau ist auch betroffen, allerdings weniger stark. Weiße Traubensorten sind weniger anfällig. Unter den roten Sorten werden Dornfelder und Trollinger bevorzugt befallen. Äpfel und Birnen haben zu harte Schalen und werden nur bei beschädigter Fruchtschale befallen. Die Bekämpfung der Fruchtfliege ist für den kommerziellen Obstbauern wie privaten Gärtner schwierig. Das Obst vor der Reife zu pflücken, macht nur bedingt Sinn. Einen Befall zu verhindern, gelingt am besten mit Kulturnetzen und Kirschessigfliegen-Fallen. Auch der Einsatz natürlicher Fressfeinde wie Florfliegenlarven oder Ohrwürmer können helfen, den Schaden zu mindern.

Die Königskrabbe

Ein Gigant unter den Krabben

„Stalinkrabbe" wird das Monster unter den Krustentieren genannt. Gemeint ist die Königskrabbe (*Paralithodes camtschaticus*), die angeblich auf Initiative von Stalin in den 1930er-Jahren aus dem Nordpazifik, wo sie in Tiefen von bis zu 600 Metern lebt, in der Barentssee nördlich von Murmansk ausgesetzt wurde, um die Nahrungsmittelversorgung der darbenden Bevölkerung zu verbessern. Seitdem ist die auch Kamtschatkakrabbe genannte monströse Königskrabbe um das Nordkap bis zu den Lofoten und nördlich bis Spitzbergen vorgedrungen. Die roten, gelegentlich je nach Nahrungsangebot auch bläulichen oder gräulichen Tiere können einen Durchmesser von bis zu eineinhalb Metern erreichen und werden bis fünfzehn Kilo schwer. Der Panzer ist fünfundzwanzig Zentimeter groß. Sie sind mit dichten Härchen bedeckt, die ihr ein pelziges Aussehen verleihen. Königskrabben besitzen fünf Beinpaare. Das erste Paar ist das Zangenpaar mit den Scheren, deren rechte größer als die linke ist. Mit rechts wird gekämpft, mit links gefressen. Das verkürzte fünfte Beinpaar ist innenliegend und dient als Reinigungsbürste. Königskrabben müssen sich wie andere Krebse zum Wachsen häuten. Übrigens wachsen die Beine nach Verlust nach. Ihr Nahrungsspektrum ist breit und reicht von Seesternen über Muscheln, Fische und andere Krabben, Algen bis hin zu Aas. Nach der Paarung im Frühjahr tragen die Weibchen bis zu zwei Millionen Eier, die nach einem Monat frei im Meer schwimmen.

Aufgrund ihrer Größe haben Königskrabben in ihrem neuen Lebensraum um Nordnorwegen keine Feinde und können ihr Unwesen weitgehend unbehelligt treiben. Sie verfangen sich in den Netzen der Fischer, grasen den Meeresboden ab, wobei sie sich vor allem auf Muschelbänke konzentrieren. Damit beeinträchtigen sie die Lebensgrundlage der ursprünglichen Flora und Fauna. Doch andererseits ist die Königskrabbe wegen ihres zarten, leicht süßlichen Fleisches äußerst begehrt. Damit wurde sie für norwegische Fischer bei rückläufigen Fischfangergebnissen zu einer neuen Einkommensquelle. So kam es schon zur Überfischung und zu ersten Regulierungsmaßnahmen.

Der Kudzu

Überwuchert ganze Waldareale

Der Kudzu (*Pueraria montana*) ist ein Beispiel für invasive Pflanzen, die wiederholt eingeführt und kultiviert wurden, sich dann in der Wildnis ausbreiteten und großen ökologischen und wirtschaftlichen Schaden anrichten. Kudzu ist eine Pflanzenart aus der Familie der Hülsenfrüchtler (*Fabaceae*), die ursprünglich aus Ostasien stammt. Wegen ihrer großen Wuchskraft von dreißig Zentimetern am Tag wird sie als eine staudige Riesenform der Stangenbohne betrachtet oder als „Vegetable Bulldozer" bezeichnet. In der Traditionellen Chinesischen Medizin dient ihre Wurzel als Heilmittel, und bei uns die Bohnen als Nahrungsergänzungsmittel.

Der Kudzu ist eine Kletterpflanze. Er verholzt am unteren Ende und bildet schwere, dicke Knollen. Die Ranken wachsen dreißig Meter hoch. Die traubigen, lilafarbigen Blütenstände in Form von Schmetterlingsblüten wachsen an behaarten Stängeln. Aus ihnen entstehen längliche, zehn Millimeter breite und über zehn Zentimeter lange Hülsenfrüchte mit nierenförmigen Samen. Unter günstigen Wuchsbedingungen wie milden Wintern, heißen Sommern, ausreichender Wasserversorgung und durchlässigen Böden wächst der Kudzu unkontrolliert und überwuchert alles, was ihm im Weg steht – Büsche, Bäume, ganze Häuser. 1876 wurde anlässlich der ersten Weltausstellung in Philadelphia die erste Kudzupflanze in die Vereinigten Staaten eingeführt. Gärtner und Landwirte nutzten sie bis in die 1950er-Jahre als Begrenzung und Erosionsschutz. Im Straßenbau wurde sie zur Befestigung von Böschungen eingesetzt. Seither hat sich der Kudzu im Südosten der Vereinigten Staaten vehement ausgebreitet und schon fast 100.000 Hektar Wald überwuchert. Der forstliche Schaden beträgt jährlich über 100 Millionen US-Dollar. Aus Lichtmangel geht die Krautflora und mit ihr alle dort existierenden Lebewesen zugrunde. Die Eliminierung des Kudzu ist schwierig. Aufwendig ist das mehrmalige Abmähen, chemische und biologische Bekämpfung sind problematisch, am nachhaltigsten wirkt noch die Beweidung, am besten durch Ziegen. Aber woher soll man so viele Ziegen nehmen?

Der Löffler

Weitet seine Brutgebiete aus

Die löffelartige Erweiterung am unteren Ende seines langen Schnabels macht den Löffler zu einem außergewöhnlichen Vogel. Sein Verbreitungsgebiet reicht von Teilen Europas über Vorderasien, Nordafrika bis Ostasien. Sein Bestand ist stabil. Bestandsrückgängen durch die Trockenlegung von Feuchtgebieten, in denen er lebt, stehen Erweiterungen seiner Verbreitungsgebiete in den Niederlanden, Ungarn, der Slowakei und Deutschland gegenüber. Man trifft ihn vor allem in Flachwasserbereichen an, in Deutschland zum Beispiel an der Wattenmeerküste. Geeignete Lebensräume sind Küstenlagunen, Priele oder flache Seen, Sümpfe und Verlandungszonen mit Schilfbestand und Büschen als Sichtschutz. Hier baut er seine Nester im Schilfgürtel in Kolonien an und stockt seine Nester immer weiter auf, sodass ein Thron von bis zu fünfzig Zentimeter Höhe entsteht. Dabei werden Insellagen bevorzugt, um Fressfeinden wie dem Fuchs zu entgehen.

Der Löffler (*Platalea leucorodia*) gehört zur Familie der Ibisse und Löffler (*Threskiornithidae*). Er ist etwas kleiner als der Graureiher oder der Storch. Die Männchen werden neunzig und die Weibchen achtzig Zentimeter groß. Beider Gefieder ist prächtig weiß mit einem gelblichen Brustkranz und langen Federn am Hinterkopf. Die Spitze des löffelartigen Schnabels ist orangefarben, die langen Beine sind schwarz, die Augen rot. Seine Nahrung besteht aus Wasserinsekten, Krebstieren, Fischen, Schnecken, Würmern, Fröschen und Molchen. Als Zugvögel begeben sich die Löffler aus Mitteleuropa nach Südeuropa oder weiter nach Nordafrika. Ende Februar bis Anfang März kommen sie in ihre angestammten Nistquartiere zurück und beginnen sofort mit dem Brutgeschäft, weil sie schon im Überwinterungsgebiet gebalzt haben. Auch dort, wo die Löffler sich neue Lebensräume erschlossen haben, fügen sie sich unproblematisch ein. Bisher sind noch keine nachteiligen Auswirkungen in ihrem neuen Umfeld bekannt.

Der Marderhund

Mit dichtem Winterfell

Im Gegensatz zu anderen Pelztieren, die üblicherweise in Käfigen gehalten werden, gilt der Marderhund (*Nyctereutes procyonoides*) auch als jagdbares Pelztier. Sein ursprüngliches Verbreitungsgebiet war Ostasien, von wo aus er sich im Laufe der Evolution bis nach Vietnam ausbreitete. Wegen seines dichten Winterfells wurde er schon im 19. Jahrhundert nach Sibirien eingeführt. Die eigentlich großen Aussetzungsaktionen fanden nach dem Ersten Weltkrieg statt, als man über 10.000 Tiere zur Jagd von der Ukraine bis Karelien einbürgerte. Nach dem Zusammenbruch der Sowjetunion entwichen viele Tiere aus Farmen. So war es zwangsläufig, dass die Marderhunde ihren Lebensraum nach Westen ausbreiteten. In Deutschland waren sie schon in den 1960er-Jahren angekommen. Ihre hohe Fertilitätsrate und das Fehlen nachhaltiger Fressfeinde erleichterte ihre Ausbreitung.

Marderhunde gehören zur Familie der Hunde. Sie werden gut über fünfzig Zentimeter lang, dreißig Zentimeter hoch und haben einen bis dreißig Zentimeter langen Schwanz. Ihr weiches Fell weist ein dichtes Unterfell auf, ist beige-grau an den Flanken, am Bauch und am Rücken schwarzbraun. Charakteristisch ist die helle Binde über den Augen, was die Tiere ein wenig aussehen lässt wie Waschbären. Sommer- und Winterfell unterscheiden sich farblich nicht, aber das Winterfell ist viel dichter, deswegen war es geeignet zur Pelzverarbeitung.

Der Lebensraum der fuchsgroßen, nacht- und dämmerungsaktiven Marderhunde, die mit ihren kurzen Beinen aber untersetzter als der Fuchs sind, besteht aus vielfältig strukturierten, an Unterholz reichen, feuchten Lebensräumen in Sümpfen oder an Gewässern. Gerne ziehen sie ihre in der Regel zehn Welpen in verlassenen Fuchs- oder Dachsbauten groß, gemeinsam betreut von den Elterntieren, die lebenslang zusammenbleiben. Sie ernähren sich von Insekten und Früchten, von kleinen Säugetieren, Vögeln, Schnecken, Kröten, Eiern, und verschmähen auch kein Aas. Insgesamt gilt der Marderhund aber als weniger schädlich als der Waschbär.

Die Meerwalnuss

Eine Katastrophe für das Schwarze Meer

Die Meerwalnuss (*Mnemiopsis leidyi*), eine Rippenquallenart, ist ein typisches Beispiel dafür, welche Probleme eingeschleppte Arten in ihren neuen Lebensräumen bereiten können. Die ursprüngliche Heimat der Meerwalnuss ist die Ostküste Amerikas zwischen Brasilien und den Vereinigten Staaten, wo sie in Wassertemperaturen von mindestens 20° Celsius vorkommt und in stabilem Bestand lebt. In neue Lebensräume gelangte sie als blinder Passgier in den Ballastwassertanks von Schiffen. In den neuen Lebensräumen vermehrt sie sich massenhaft, wenn sie auf gute Lebensbedingungen mit ausreichender Nahrung und wenigen Fressfeinden stößt, dort hat sie sich auch an niedrigere Temperaturen angepasst.

Die Meerwalnuss erreicht nur eine Größe von zehn Zentimetern. Mit acht Reihen plattenförmiger Wimperplättchen, die durch Lichtbrechung farbig schillernd erscheinen, bewegt sich diese Quallenart fort. Durch Biolumineszenz erzeugt sie acht leuchtende Linien, die die Körperkontur nachzeichnen. Sie ernährt sich von Fischeiern, Fischlarven, Fischbrut und Zooplankton. Adulte Tiere können in der Vermehrungssaison mehr als 10.000 Eier am Tag legen, wobei sie als Hermaphrodit gleichzeitig Eier und Spermien produzieren. Daraus resultiert ihre immense Reproduktionsfähigkeit. In den 1980er-Jahren entdeckte man erste Exemplare im Schwarzen Meer, wo sie innerhalb weniger Jahre einen Bestand von mehreren Hundert Exemplaren pro Kubikmeter Wasser erreichten. So ging gleichzeitig der Bestand wertvoller Speisefische wie Anchovis oder Sprotten entsprechend zurück. Doch dann kam die Rettung in Form einer anderen eingewanderten Rippenqualle, der räuberischen Melonenqualle (*Beroe ovata*). Diese braucht nur fünf Stunden, um eine Meerwalnuss zu verdauen. Seither ist wieder ein ökologisches Gleichgewicht im Schwarzen Meer eingetreten. Doch inzwischen hat man die Meerwalnuss auch schon in der Ostsee entdeckt, wo die Wassertemperatur infolge des Klimawandels stetig ansteigt …

Das Mondbechermoos

Hat Frostresistenz gebildet

Die Invasion gebietsfremder Arten in neue Lebensräume findet im Großen wie im Kleinen statt. Zu den kleinen invasiven Arten zählt das Mondbechermoos (*Lunularia cruciata*), das über warm temperierte Zonen, wie etwa den mediterranen Regionen, weltweit verbreitet ist. Sein fünf Zentimeter großer Vegetationskörper ist schwach glänzend grün und an Gesteins- oder Bodensubstrate angeheftet. Seinen Namen erhielt das Moos wegen seiner halbmondförmigen Brutbecher, jenen becherförmigen Auswüchsen auf der Oberseite ihrer Vegetationskörper, in denen sich linsenförmige Brutkörper bilden, die der vegetativen Vermehrung dienen.

Erste Nachweise des Mondbechermooses in Deutschland gibt es seit 1827 in Gewächshäusern der Botanischen Gärten von Karlsruhe, Heidelberg, Bonn und Frankfurt. Bis etwa 1900 blieb dieser Neophyt nur in Gewächshäusern. Von ersten Freilandnachweisen wird seit den 1960er-Jahren berichtet. Inzwischen ist das Mondbechermoos weithin auf feuchten bis nassen, frostgeschützten Standorten auf Erde, Gräben, Ufergestein und Mauern verbreitet. Der Verbreitungsweg erfolgte vor allem über Pflanztöpfe aus Gartencentern. In Deutschland werden überwiegend weibliche Pflanzen festgestellt, die Vermehrung erfolgt asexuell im Gegensatz zu den mediterranen Standorten, wo Sporenbildung maßgeblich ist. War bisher eine nur geringe Frosttoleranz festzustellen, so gibt es inzwischen Nachweise, wo die Moose bodennahe Lufttemperaturen von -20° Celsius überlebt haben. Übrigens breiten sie sich im südöstlichen Mittelmeergebiet aufgrund zunehmend wärmerer Winter nach Nordwesten aus. Obwohl bisher keine negativen Auswirkungen durch die Ausbreitung des Mondbechermooses in Deutschland festzustellen sind, bleibt doch anzumerken, dass diese Pflanze Dominanzbestände auf verdichtetem Boden bildet und somit andere Moose von solchen Standorten verdrängen kann. Und für die Gartenbaubetriebe bleibt das Moos lästig, weil es sich als Unkraut in den Gewächshäusern breitmacht.

Das Nadelkraut

Bildet grüne Teppiche

So unscheinbar die Pflanze als Einzelgewächs auch ist, hat das aus Australien und Neuseeland stammende Nadelkraut (*Crassula helmsii*) doch die gefährliche Eigenschaft, in Feuchtgebieten Pflanzenkissen zu bilden und so heimischen Süßwasserlebewesen die Existenzgrundlage zu nehmen. Es ist in der Lage, in wenigen Jahren Teiche und Gräben mit einem grünen Teppich zu überziehen, wobei es andere Pflanzen überwuchert und die für Frösche, Kröten, Molche und Insekten lebensnotwendigen Uferzonen verschwinden lässt. Nadelkraut ist eine einjährige Staude, die im nicht zu tiefen Wasser bis hin zur Uferzone wächst. Sie wird zwischen zehn und zwanzig Zentimeter hoch und weist verdickte, sich stark verzweigende und bis zu 25 Zentimeter lange Triebe auf. Seine schmalen grünen Blätter sind als kreuzweise angeordnete Blattpaare am Stiel miteinander verwachsen. Die eher unauffälligen weißen bis hell rosafarbenen Blüten, kaum mehr als zwei Millimeter groß, erscheinen im Sommer in den Achseln der Blattpaare. Sie bilden im Herbst glatte Samen aus. Das Nadelkraut kann sich aber auch über kleinste Stängelstücke vermehren. Selbst wenn diese den Verdauungstrakt von Gänsen durchlaufen haben, können sie aus dem Kot wieder austreiben. Ist also erst einmal ein Tümpel, Bach oder Graben vom Nadelkraut befallen, ist der Überwucherung kaum noch etwas entgegenzusetzen. So machen sich Naturschützer Sorgen um die Dünenteiche der Nordfriesischen Inseln, wo seltene Sumpfpflanzen wie der Sonnentau, der Lungenenzian und die Moosbeere vom Nadelkraut verdrängt werden. Auch im Binnenland ist das Nadelkraut schon angekommen, so ein Erstnachweis im Pfälzer Wald 1981. Nachhaltige Bekämpfungsmaßnahmen sind bisher nicht bekannt. Deshalb streben Naturschützer ein Verbot des Handels und Ausbringens von Nadelkraut an, wie es in Großbritannien schon der Fall ist, wo die Pflanze 1888 im Royal Botanic Gardens in Kew eingeführt wurde.

Der Nandu

Heimisch am Ratzeburger See

Der Nandu (*Rhea americana*) ist ein südamerikanischer Laufvogel, der in Gruppen lebend in den ebenen Savannen der Pampa über Uruguay, den Gran Chaco bis Brasilien beheimatet ist. Im Jahr 1997 entkam eine Schar von fünfzehn Nandus aus einer Privathaltung bei Lübeck und bildet seither die einzige dauerhaft frei lebende Population in Mitteleuropa, die sich in Vorpommern etablierte.

Die grau gefiederten flugunfähigen Nandus werden eineinhalb Meter groß, bis fünfundzwanzig Kilogramm schwer und können Geschwindigkeiten bis fünfzig km/h erreichen. Die Hähne sind etwas dunkler und größer als die Hennen. Zur Paarungszeit sammelt ein Hahn mehrere Hennen um sich, für deren Eier er eine Mulde gräbt. Er bebrütet sie vierzig Tage, anschließend zieht er die Jungvögel alleine auf. Diese sind nach etwa sechs Monaten ausgewachsen und nach weiteren zwei Jahren geschlechtsreif. Ihre Ernährungsweise ist überwiegend pflanzlich und besteht aus Kräutern, Gras, Blättern, Früchten, Samen und Wurzeln, wobei sie kleinere Wirbeltiere und Insekten speziell zur Aufzucht der Jungen nutzen.

Wider Erwarten überlebten die ausgebüxten Nandus den ersten Winter in Freiheit. Schon im Folgejahr waren die ersten Bruten erfolgreich. Ohne Fressfeinde wie Jaguar oder Puma wie in ihrem Ursprungsgebiet erreichten sie bis 2018 mit 566 gezählten Tieren zwischen dem Ratzeburger See und dem Schaalsee ihren bislang höchsten Bestand. Doch dann wurde ihnen ihre pflanzliche Ernährungsweise zum Verhängnis. Sie erkoren jungen Raps zu ihrer Leibspeise, aber sie verschmähen auch keinen Weizen und keinen Mais. Angesichts der zunehmenden Schäden in der Landwirtschaft wurde eine begrenzte Zahl von Nandus zum Abschuss freigegeben. Ihr Bestand konnte so auf unter 200 Tiere begrenzt werden. Seither sind die Tiere wesentlich scheuer geworden und nicht mehr so leicht zu beobachten wie früher.

Der Neuseelandplattwurm

Verbreitet durch Zierpflanzenhandel

Der Neuselandplattwurm (*Arthurdendyus triangulatus*) ist genauso wie der Hammerhaiwurm (siehe dort) ein zu den Landplanarien zählender Strudelwurm. Sein natürlicher Lebensraum ist der neuseeländische Waldboden, darüber hinaus ist er in Gärten und am Rand landwirtschaftlicher Flächen zu finden. Dort hält er sich überwiegend in den unterirdischen Gängen von Regenwürmern auf, die auch seine Hauptnahrung darstellen. Bei Trockenheit zieht er sich in tiefere Bodenschichten zurück. In Neuseeland besteht im Übrigen ein ausgeglichenes Verhältnis zwischen den Populationen von Platt- und Regenwürmern.

Der leberbraune und mit blassen Randstreifen versehene, abgeflachte und sich zur Spitze verjüngende Körper des Neuseelandplattwurms weist eine Breite von einem Zentimeter und eine Länge von zwanzig Zentimetern auf. Zur kriechenden Fortbewegung kann er seinen schleimigen Körper auf die doppelte Länge strecken. Kleine schwarze Augenflecken sind auf jeder Seite seiner Körperspitze zu sehen. Es handelt sich um Hermaphroditen, die sich gegenseitig befruchten. Die alle zwei Wochen in der Fortpflanzungsperiode abgelegten, fünf Millimeter großen Eikapseln sind eiförmig, glänzend schwarz und enthalten jeweils circa sechs Jungtiere, die nach vierzig bis fünfzig Tagen schlüpfen. Im Ruhezustand rollt sich der Plattwurm zusammen. Zum Fressen umschlingt er Regenwürmer, stülpt seinen rüsselartigen Schlund über die Beute, die er durch Enzyme verflüssigt und schließlich aufsaugt. International verbreitet wurde der Neuseelandplattwurm durch den Zierpflanzenhandel. Dadurch, dass er sich am liebsten unter der Erdoberfläche befindet, wird er leicht übersehen. In Großbritannien und Irland hat er bereits die Regenwurmpopulationen dezimiert. Seine potenziellen Fressfeinde wie Frösche und Käferlarven meiden ihn. So beeinträchtigt er die Bodenfruchtbarkeit und die Tierwelt, die sich von Regenwürmern ernährt. In Mitteleuropa ist er noch nicht angekommen. Aber das Bundesamt für Naturschutz hat schon Warnhinweise herausgegeben.

Der Nilbarsch

Unersättlich im Viktoriasee

Wenn jemand in einem Fischgeschäft einen Viktoriabarsch kauft, handelt es sich eigentlich um einen Nilbarsch (*Lates niloticus*). Wie sein zoologischer Name besagt, ist es ein Süßwasserfisch aus dem Stromgebiet des Nils, der aber auch in den anderen Stromgebieten des tropischen Afrikas wie dem Niger verbreitet ist. Er wurde in den 1960er-Jahren im Viktoriasee ausgesetzt. Der Nilbarsch ist ein gefräßiger Raubfisch, der bis zu zwei Meter lang werden kann. Die Oberseite des ganz mit Schuppen bedeckten Fisches schimmert grau-bläulich. Seine Pupille ist schwarz, die Iris gelb. Jungfische sind blasser. Der Unterkiefer des großen, vorstülpbaren Nilbarschmauls ist etwas vorstehend. Nach drei Jahren ist der Fisch einen Meter lang und geschlechtsreif. Die Jungfische halten sich zunächst in Ufernähe auf und ernähren sich von Plankton, später auch von Krebstieren. Werden die Fische älter, ziehen sie tiefere Lagen vor und ernähren sich von Kleinfischen. Erwachsene Tiere leben in Tiefen von zehn bis fünfzig Metern. Es sind robuste Tiere, die ausgewachsen auch Fische aller für sie erreichbaren Größe und neue Habitate leer fressen, wie im Viktoriasee geschehen. Deshalb wurde der Nilbarsch in die Liste der hundert gefährlichsten invasiven Arten aufgenommen.

Der Viktoriasee ist mit 68.000 Quadratkilometern Fläche nach dem Oberen See Nordamerikas der zweitgrößte Süßwassersee der Erde. Einzigartig an diesem See ist seine vielseitige Fischfauna aus zweihundertfünfzig verschiedenen Arten. Bemerkenswert darunter sind die Cichliden (Buntbarsche), darunter maulbrütende Arten. Seit der Nilbarsch im See lebt, ist die Fischvielfalt stark eingeschränkt, einzelne Buntbarscharten hat der Nilbarsch sogar ausgerottet. Durch Überfischung ist der Nilbarschbestand im Viktoriasee allerdings wieder rückläufig, sodass für die endemischen Arten wieder mehr Lebensraum zur Verfügung steht.

Die Nilgans

Penetrant und biestig

Selbst Ornithologen vom Naturschutzbund bezeichnen die Nilgänse (*Alopochen aegyptiaca*) als „penetrant und biestig" . Ihre ursprüngliche Heimat ist das tropische Afrika, wo sie meistens in der Nähe von großen Seen und Flussufern leben, so auch am Nil. Sie sind 75 Zentimeter groß, wiegen 2200 Gramm (Männchen) und 1800 Gramm (Weibchen). Ganter und Gans sind am Gefieder kaum zu unterscheiden. Die attraktiven Vögel zeigen ein helleres bis braun meliertes Federkleid mit dem typischen Augenfleck und einem schönen Halsring. Das Männchen hat ein auffälliges Muster auf der Brust. Nilgänse ernähren sich von Wasserpflanzen, Gräsern und Getreide, dazu von Insekten und anderen Kleintieren.

Nach der Paarung werden im Frühsommer über zehn Eier bebrütet. Nach 28 Tagen Brutzeit führen die Elterntiere die Küken als Nestflüchter sofort zum Wasser. Während der Brutzeit sind die Wasservögel streng territorial und vertreiben auf aggressive Art andere Entenarten, bis hin zum Abtöten ihrer Küken, was gelegentlich beim Nachwuchs von Stockenten passiert.

Nilgänse wurden bereits seit dem 18. Jahrhundert als Ziergeflügel in Großbritannien gehalten. Der Bestand in der freien Natur blieb aber gering. Anders war es, als vor wenigen Jahrzehnten Nilgänse in den Niederlanden ausbrachen und sich den Rhein abwärts ausbreiteten. Der Bestand in Deutschland wird seither zunehmend auf mehrere tausend Exemplare geschätzt. Es sind Standvögel, selbst harte Winter halten sie aus. Hier halten sie sich hauptsächlich in Parks und an Gewässern auf. Auch auf Feldern trifft man sie bisweilen bei der Rast und der Nahrungssuche, sogar unter Graugänsen, an. Da sie ihre Nahrung nur schlecht verdauen, koten sie in geringen Abständen und werden damit zur Plage auf Wiesen und Erholungsflächen. Abzuwarten bleibt, wie sich die Nilgans-Bestände in Zukunft entwickeln und welche Auswirkungen sie auf die Ökosysteme haben.

Der Nordamerikanische Ochsenfrosch

Ein gefräßiger Riese

Der größte Frosch Nordamerikas ist mit einer Länge von bis zu fünfzehn Zentimetern der Ochsenfrosch (*Lithobates catesbeianus*), dessen an Ochsengebrüll erinnernde Stimme namensgebend ist. Weibchen können sogar bis zwanzig Zentimeter groß und 500 Gramm schwer werden. Ihre Oberseite ist olivgrün bis bräunlich gefärbt und enthält dunkle Flecken. Auffällig ist das große Trommelfell, das bei Weibchen den anderthalbfachen, bei Männchen den doppelten Augendurchmesser erreicht. In ihrem Ursprungsraum besiedeln sie stehende bis langsam fließende, stark bewachsene Gewässer. Hier bilden die rufenden Männchen Territorien, die sie gegenüber Artgenossen verteidigen. Die Laichabgabe erfolgt in Ballen von bis zu 20.000 Eiern im Frühjahr. Die Kaulquappen erreichen Größen von über zehn Zentimetern und werden nach fünf Jahren geschlechtsreif. Die Winterruhe währt mehrere Monate.

Durch vom Menschen verursachte Verschleppungen hat der Ochsenfrosch sein ursprüngliches Verbreitungsgebiet bis an die Westküste der USA und darüber hinaus nach Mittel- und Südamerika und nicht zuletzt auch nach Westeuropa ausgedehnt. So wurden Ochsenfrösche beispielsweise in den 1930er-Jahren in Oberitalien zur Schädlingsbekämpfung und Froschschenkelproduktion ausgesetzt. Seit in Deutschland Kaulquappen des Ochsenfrosches zum Aussetzen in Gartenteichen angeboten werden, treten auch bei uns immer wieder Populationen in der freien Landschaft auf, so in den Altarmen der Oberrheinischen Tiefebene, im Ruhrtal oder etwa in der Lippeaue. Theoretisch stellen Ochsenfrösche bei uns Nahrungskonkurrenten dar. Sie fressen alles, dessen sie habhaft werden können, neben anderen Fröschen auch Insekten, Fische, Mäuse und etwa auch Entenküken. Vor allem Amphibien sind durch sie bedroht. Aber keiner der beobachteten Ochsenfrosch-Bestände konnte sich bisher dauerhaft am Standort halten.

Der Nordpazifische Seestern

Ein Raubtier mit fünf Armen

Einen Durchmesser von fünfzig Zentimetern erreicht der mit fünf Armen versehene Nordpazifische Seestern (*Asterias amurensis*), der an den Küsten von China bis Japan heimisch ist. Hier lebt er im Bereich der Flussmündungen bis in über zweihundert Metern Tiefe. Die Tiere sind unterschiedlich gefärbt, ihre Rückenseite changiert von orange über gelb bis gesprenkelt violett. Die Unterseite ist komplett gelb. Die Arme enden in kleinen, nach oben gerichteten Spitzen. Nach innen vereinigen sich die Arme zum scheibenförmigen zentralen Organismus. Die Rillen im Inneren der mit unregelmäßigen Stacheln versehenen Arme sind mit Röhrenfüßen ausgekleidet, die im Mundbereich der zentralen Scheibe fächerförmig zusammenführen. Die Seesterne bewegen sich nur langsam mit ihren Röhrenfüßen. Als gefräßige Räuber vertilgen sie vor allem Miesmuscheln, Jakobsmuscheln und Venusmuscheln, deren Schale sie mit ihren Armen auseinanderziehen und dann ihren Magen in die Schalenhöhle stecken, um ihre Beute zu verdauen. Aber auch Schnecken, Krabben, Seepocken und Fischlaich stehen auf ihrem Speiseplan.

Zur Vermehrung geben die getrenntgeschlechtlichen Nordpazifischen Seesterne ihre Fortpflanzungszellen über die Sommermonate in das Meerwasser ab, das sie dann als Plankton bevölkern. Im Meerwasser entwickeln sie sich zu Larven. Dieses Stadium dauert je nach Temperatur mehrere Monate, bis sie sich am Meeresboden in Seesterne verwandeln. Ihre Lebenserwartung beträgt mehrere Jahre. Ihre Fressfeinde im Nordpazifik sind unter anderem der Japanische Sonnenstern (*Solaster paxillatus*) und die Königskrabbe (*Paralithodes camtschaticus*). Wenn die salz- und temperaturtoleranten Seesterne mit dem Ballastwasser von Schiffen als Larven in andere Regionen verbracht werden, entwickeln sie sich ohne diese Fressfeinde außerordentlich dynamisch und werden zu einer Gefahr für endemische Ökosysteme. So haben sie schon die Weichtierlebensgemeinschaften an australischen Küsten beeinträchtigt und den Bestand des um Tasmanien endemischen Handfisches (*Brachionichthys hirsutus*) dezimiert, dessen Eier sie verzehren.

Die Nosferatu-Spinne

Beißt zu

Die Nosferatu-Spinne (*Zoropsis spinimana*) ist eine von 50.000 Arten der Webspinnen, die ursprünglich in der westlichen Mittelmeerregion bis hin zum Südrand der Alpen und Nordafrika beheimatet ist. In den letzten Jahrzehnten konnte sie über die Warentransportwege nach vordringen und sich hier angesichts des Klimawandels etablieren. Ihre Hauptverbreitungsgebiete in Deutschland findet man im Westen und im Südwesten unseres Landes. Sie lebt in ihrem Ursprungsgebiet versteckt im Wald zwischen Steinen und Rinden, bei uns ist sie eher in den Häusern zu finden, und das nicht nur im Keller, sondern auch in oberen Stockwerken. Ihre Hafthaare an den Füßen erlauben ihr sogar, an Fensterscheiben hochzuklettern.
zwischen den Geschlechtern der Nosferatu-Spinne. Das Männchen wird mit Beinen sechs Zentimeter, das Weibchen sieben Zentimeter groß. Damit zählen Nosferatu-Spinnen zu den großen mitteleuropäischen Spinnen. Sie sind gelb bis ockerfarben gefärbt und zeigen weiße und schwarze Verzierungen. Das Vorderteil der Spinne ist eher rundlich, das Hinterteil hingegen oval. Sie baut keine Netze, um Beute zu fangen, sondern springt die potenzielle Beute an, beißt zu und injiziert ihr Gift. Opfer sind Insekten aller Art, auch größere Spinnen wie die gemeinhin als Kellerspinne bezeichnete Hauswinkelspinne (*Tegenaria domestica*), die sogar zehn Zentimeter groß werden kann. Fühlt sich die Nosferatu-Spinne bedroht oder eingeengt, kann sie auch den Menschen beißen. Mit ihren starken Giftklauen kann sie nämlich die menschliche Haut durchstechen, was hierzulande kaum einer anderen Spinne gelingt. Der Biss ist schmerzhaft wie der einer Wespe, aber ungefährlich. (Achtung Allergiker!) Zur Fortpflanzung legt das Weibchen mehrere Eikokons mit je bis zu 50 Eiern in einem aus ihrer Seide gewebten Nest ab, wo sie bis zu ihrem Tod bleibt. Die Jungen sind nach mehreren Häutungen im Sommer geschlechtsreif und sorgen für die nächste Generation.

Die Nutria

Inzwischen flächendeckend etabliert

Durch ihre vermeintliche Ähnlichkeit mit dem Biber trägt die Nutria (*Myocastor coypus*) auch den Namen Biberratte. Die mit einem dichten Fell versehenen Nagetiere entstammen ursprünglich den gemäßigten und tropischen Bereichen südamerikanischer Flüsse, Seen, Teiche und Sümpfe. Die europäische Pelzindustrie züchtete die Tiere in Farmen seit dem Ende des 19. Jahrhunderts vor allem wegen ihrer äußerst feinen Unterwolle. Der wachsende Bestand an Nutrias in Europa und auch Nordamerika ist sowohl auf entflohene als auch auf ausgewilderte Tiere zurückzuführen. Als Pelze am Ende des 20. Jahrhunderts weitgehend aus der Mode kamen, gab es vermehrte Freilassungen. Seither ist der Bestand nicht nur in Deutschland so stark angestiegen, dass diese Art hier seither als etabliert gilt.

Nutrias leben in kleinen Familienverbänden. Die tag- und nachtaktiven Tiere sind bis zu 10 Kilogramm schwer und werden 70 Zentimeter lang. Mit ihren Schwimmhäuten an den Hinterfüßen können sie sich geschickt im Wasser fortbewegen. Auffallend sind ihre orangefarbenen Nagezähne. Ihre Nahrung ist überwiegend vegetarisch, sie verschmähen aber auch Muscheln, Schnecken und Würmer nicht.

Nutrias überleben nur in Gebieten mit milden Wintern. In Deutschland sind die Nagetiere in allen Bundesländern zu finden. Sie errichten sich Schilfnester oder graben Erdhöhlen in Uferböschungen. Dort bringt das Weibchen nach einer Tragzeit von 19 Wochen 6 bis 8 sehende und voll behaarte Junge zur Welt, die nach 5 Monaten geschlechtsreif sind. Durch ihre Lebensweise richten die Nutrias großen Schaden an Uferböschungen, Teichrändern und Deichen an. In den Niederlanden ist der Schaden an den Deichanlagen inzwischen so groß, dass sie dort durch professionelle Fänger der Wasserverbände bejagt werden. In Deutschland unterliegen Nutrias weiterhin nicht dem Jagdrecht, aber die Unteren Landschaftsbehörden lassen Ausnahmen zu.

Der Pazifische Rotfeuerfisch

Unendlich gefräßig

Er gehört zu den prächtigsten Fischen, die die Weltmeere zu bieten haben: Der Pazifische Rotfeuerfisch (*Pterois volitans*). Seine ursprüngliche Heimat ist der südpazifische Ozean zwischen dem Indonesischen Archipel und Japan, wo er vor allem in den Riffen lebt. Die Färbung des im Extremfall bis 40 Zentimeter großen Tieres ist je nach Umgebung variabel und durch braun-rote und weiße Streifen gekennzeichnet. Die Strahlen seiner Brustflossen sind fächerförmig, seine Rückenflossen getrennt und lang. Seine Rücken- und Brustflossenstacheln sind giftig, werden aber nicht zum Beutefang, sondern zur Verteidigung genutzt. Er ist nachtaktiv, seine Beute aus Fischen und Krebsen saugt er blitzschnell durch das Maul ein, täglich bis zu 90 Prozent seines Eigengewichts. Im Ursprungsgebiet hat sich ein Gleichgewicht zu seinen Beutetieren eingestellt. Aber seit den 1985er-Jahren ist er wohl durch ausgesetzte Aquarientiere in der Karibik aufgetaucht, wo er als gefräßiger Räuber unter seinen Beutetieren Kahlschlag anrichtet. Auch wissen die Beutegreifer hier nicht, dass der Feuerfisch fressbar ist. Aber der Mensch weiß, dass sein Fleisch ausgesprochen schmackhaft ist. Zubereitet wird er, indem man ihm zuerst seine giftigen Stacheln entfernt, das Fleisch in Stücke schneidet und in Limettensaft mariniert. Invasiven Arten mit der Gabel zu begegnen, löst aber nicht das Problem, das die Pazifischen Rotfeuerfische in ihrem neuen Habitat anrichten. Denn sie sind zudem ausgesprochen fruchtbar. Das Weibchen legt mehrmals im Jahr an die 10.000 Eier ab, die vom Männchen an der Wasseroberfläche besamt werden. Unter Tauchern sind inzwischen die staatlicherseits geförderten Feuerfisch-Wettbewerbe beliebt – wer die meisten und die größten fängt, bekommt eine Prämie, die sich lohnt. Das wirkt!

Der Pharaonenibis

Heilig im alten Ägypten

In der altägyptischen Mythologie war Thot, der Mondgott mit dem Ibiskopf, der Gott der Magie, der Wissenschaft und der Schreiber, denn er galt als der Erfinder der Hieroglyphen. Unter den vielen Ibis-Vogelarten war es aber nur die heute Pharonenibis (*Threskiornis aethiopicus*) genannte Art, die von den Ägyptern verehrt wurde. Dieser Pharaonenibis erreicht eine Größe von achtzig Zentimetern und eine Flügelspannweite von einhundertzwanzig Zentimetern. Er hat einen schlanken Körperbau und lange, gerade Beine. Das Männchen ist nur wenig größer als das Weibchen. Sein weitgehend weißes Federkleid weist einen metallischen Schimmer auf den Flügeln auf. Kopf, Hals und der Schnabel sind schwarz, die Augen rot. Der Schnabel ist lang und nach unten gebogen. Seine Stimme ist laut krächzend. Die Heimat des Pharaonenibisses sind die vorwiegend trockenen Savannen und Halbwüsten Afrikas. Dort bevorzugt er große offene Flächen in der Nähe von Wasserstellen und Flussläufen. In Ägypten scheint er aber regional ausgestorben zu sein. Das Nahrungsspektrum ist breit und besteht aus Schnecken, Krabben, Fischen und Insekten. Er nistet auf verschiedenste Weise, wassernah auf dem Boden, im Gebüsch, auf Felsen oder Sandbänken. Das einfache Nest besteht aus Zweigen und Halmen, die kreisförmig angeordnet sind. Vier Küken schlüpfen nach dreißig Tagen Brutzeit.

Als man in Europa begann, in Zoos frei fliegende Ibis-Gruppen zu halten, entkamen einzelne Vögel, was zur Etablierung von Brutpaaren in freier Wildbahn führte. Inzwischen haben sich Pharaonenibisse in Spanien, Italien und Frankreich und auf den Kanarischen Inseln etabliert. Einzelne Vögel wurden in weiteren Ländern gesichtet. Zunächst wurde die neue Vogelart als Ergänzung der heimischen Tierwelt begrüßt, doch mit zunehmender Anzahl von Brutpaaren wurden auch Probleme sichtbar. Pharaonenibisse erweisen sich beispielsweise an den Küsten als Nesträuber in Seeschwalbenkolonien. Übrigens wurde 2013 ein erstes Brutpaar der Pharaonenibisse am Ismaninger Speichersee gesichtet.

Die Quagga-Dreikantmuschel

Eine Plage im Bodensee

Die Quagga-Dreikantmuschel (*Dreissena rostriformis bugensis*) mit den leicht gestreiften Schalen wurde nach dem Fellmuster der mittlerweile ausgestorbenen Zebra-Form *Equus quagga quagga* benannt. Die höchst reproduktive Muschel ist ein Neuzugang mit drastischen Folgen. Ursprünglich war sie in den Zuflüssen des Schwarzen Meers beheimatet, doch seit Kurzem ist sie in Nordamerika und Europa aufgetaucht. Verbreitet wurde sie durch Bootsverkehr oder auch durch Wassersportausrüstungen.

Zwanzig bis dreißig Millimeter groß wird die Süßwassermuschel, die auch mit leicht salzigem Brackwasser zurechtkommt. Bereits ab Wassertemperaturen von 5° Celsius aufwärts kann sie sich selbst bei schlechterer Nährstoffversorgung vermehren, was in ihrem neuen mitteleuropäischen Lebensraum eine fast ganzjährige Reproduzierung bedeutet. Ihre Fußdrüsen erzeugen Haftfäden (sogenannte Byssusfäden), mit denen sie sich an Steinen, Holz, Bootsrümpfen und anderen Substraten fest heften. Die Muscheln sind getrenntgeschlechtlich. Ihre Larven entwickeln sich als Teil des Planktons ihres Lebensraums. In diesem vermehren sie sich so massenhaft, dass sie sogar ihre Verwandte, die Zebramuschel (*Dreissena polymorpha*), die ebenfalls zu den Dreikantmuscheln gehört, verdrängen. Im Bodensee, wo sie 2017 erstmals auftauchte, bilden sie inzwischen ganze Teppiche. Selbst im Uferbereich setzen sie sich auf Wasserpflanzen fest, die dann eingehen. Bis in einer Tiefe von über hundert Metern kann man sie antreffen. Die Fischer sind verärgert, weil ihre Netze reißen, und sich die Muscheln an Reusen, Leinen, Ankern und sogar im Kühlwassersystem der Bootsmotoren festsetzen. Die Trinkwasserversorgung ist beeinträchtigt, weil die Entnahmerohre zuwachsen. Teure Ultrafilteranlagen sollen vermeiden, dass die Larven in das System eindringen. Aber zumindest haben sich die Seevögel vermehrt, weil sie diese Muscheln als Nahrungsquelle erkannt haben.

Die Reblaus

Von großem Schaden für den Wein

Es waren die Dampfschiffe, die der Reblaus (*Daktulosphaira vitifoliae*, Syn.: *Viteus vitifoliae*) den Weg von Amerika nach Europa ermöglichten. Die langen Segelschiffsreisen überlebten diese Pflanzenläuse aus der Familie der Zwergläuse nämlich nicht. Kein anderer Parasit hat weltweit den Weinbau so stark beeinträchtigt wie die Reblaus. In ihrem ursprünglichen Lebensraum an der Ostküste Amerikas verhielt sie sich als Gelegenheitsschädling, denn viele der amerikanischen Reben sind unempfindlich gegen ihren Wurzelbefall. Erst die großflächigen europäischen Rebmonokulturen und der Handel mit „verseuchten" Reben boten der Reblaus die Chance, sich unkontrolliert zu vermehren. Dieses winzige Insekt ohne nennenswerte Fressfeinde, das vor allem die Wurzeln von Weinreben schädigt, hat in der zweiten Hälfte des 19. Jahrhunderts an die achtzig Prozent der Weinflächen vernichtet. Nur auf sandigen und felsigen Untergründen konnte sie nicht überleben.

Der Lebenszyklus der Reblaus ist zweigeteilt. Sie hat einen oberirdischen und einen unterirdischen Zyklus. Im unterirdischen Zyklus saugen die nur 1,25 Millimeter großen Läuse an den Wurzeln. Diese schwellen an, was letztlich zum Absterben der Wurzeln und des Rebstockes führt. In der Regel geschieht dies spätestens drei Jahre nach dem Befall. Entdeckt wurde dieses Insekt erst 1854 durch den amerikanischen Entomologen Asa Fitch. Wenig später gelangten amerikanische Reben nach Europa, wo 1864 erste Attacken in Weinbergen südlich der Rhone festgestellt wurden. Nach Deutschland gelangte die Reblaus 1874, zuerst in die Nähe von Bonn in die Gartenanlage Annaberg und schon wenig später an die Ahr. Lange kannte man kein wirksames Gegenmittel gegen den Schädling. Als man dann bei der Pflanzung von Reben die europäischen Edelreiser, die Oberteile des Rebstockes, auf reblausresistente amerikanische Unterlagsreben aufpfropfte, hatte man eine Methode gefunden, um Reblausschäden weitgehend zu vermeiden. Trotzdem bricht Reblausbefall immer wieder punktuell auf.

Der Riesenweberknecht

Ist angsteinflößend

Weberknechte sind Spinnentiere, die eher mit Skorpionen als mit Echten Spinnen verwandt sind. Es gibt weltweit 6.000 Arten, in Europa etwa fünfzig. Neuerdings ist eine neue Art in Europa dazugekommen, deren Herkunft aus Afrika nur vermutet wird, und unter anderem deshalb auch noch nicht taxonomisch beschrieben ist. Übergangsweise wurde ihr der Name *Leiobunum sp. A* gegeben. Entdeckt wurde diese Art erstmals im Jahr 2004 in den Niederlanden. Riesenweberknechte sind mit einer Größe von achtzehn Zentimetern um ein Drittel größer als heimische Arten und wirken auf manche Menschen angsteinflößend, weshalb sie auch in der Presse große Beachtung gefunden haben.

Die eigentliche Körpergröße beträgt bei Männchen knapp fünf Zentimeter, bei Weibchen über sechs Zentimeter. Die Laufbeine erreichen eine Länge von acht bis neun Zentimetern. Typisch für Weberknechte ist, dass ihr Vorderleib mit dem Hinterleib zusammengewachsen ist, wodurch ihr Körper eine gestaucht eiförmige bis rundliche Gestalt erhält. Dieser ist dunkelbraun bis schwarz mit grünlich-metallischem Schimmer, beim Weibchen sind auch helle Zeichnungen zu sehen. Die nachtaktiven Riesenweberknechte halten sich tagsüber bevorzugt an windgeschützten Hauswänden ohne direkte Sonneneinstrahlung auf. Hier bilden sie wochenlang große Ansammlungen von mehreren Hundert Tieren. Bei Störungen wippen sie oder laufen schnell auseinander. Nachts ziehen die Riesenweberknechte einzeln auf die Jagd nach Mücken, Blattläusen oder Fliegen. Die Tiere sterben im Winter ab, nur ihre Eier überwintern. Die jungen Riesenweberknechte leben im Schutz von Laub, Steinen oder Holz am Boden in der Nähe von Häusern. Bis zur Geschlechtsreife durchlaufen sie an die sieben Häutungen. Längst haben sie sich über Mitteleuropa ausgebreitet. Auch wenn sie gelegentlich junge Weberknechte anderer Arten als Beute betrachten, werden sie wegen ihrer menschennahen Lebensweise keine bestandsgefährdenden Einflüsse auf andere Tierarten haben. Dafür stellen sie eine neue Beute für Vögel oder Raubspinnen dar.

Die Robinie

Mit hohem Verdrängungspotenzial

Jean Robin (1550–1629) war Apotheker und Botaniker und als Hofgärtner für die französischen Könige tätig. 1597 beauftragte ihn die medizinische Fakultät der Pariser Universität mit der Anlage eines botanischen Gartens. Zu diesem Zweck besorgte er 1601 zwei Robinien aus Nordamerika und pflanzte sie im Jardin des Plantes und an der Place René nahe der Kirche Notre Dame ein. Diese Robinien existieren immer noch und gelten als die ältesten Bäume von Paris. Der berühmte schwedische Naturforscher Carl von Linné (1707–1778), der die binäre Nomenklatur als Grundlage der botanischen und zoologischen Taxonomie schuf, benannte die Robinie (*Robinia pseudoacacia*) ehrfurchtsvoll nach dem nicht minder berühmten französischen Hofgärtner. Der attraktive Laubbaum kam schon bald auch nach Italien und Österreich. 1660 wurde er erstmals im Berliner Lustgarten angepflanzt. Heute ist er in ganz Europa verbreitet.

Die Robinie, wegen ihrer Ähnlichkeit mit Akazien auch Scheinakazie genannt, stammt ursprünglich aus den Appalachen in Nordamerika. Sie wird bis zu 25 Meter hoch. Ihre Blätter sind unpaarig gefiedert mit Dornen an der Basis. Die Borke ist grau und tief gefurcht. In der Blütezeit Mai–Juni bildet sie zahlreiche, in Trauben hängende Blüten mit süßlich riechenden, weißen Schmetterlingsblüten, die Früchte mit langer brauner Hülse hervorbringen. Der anspruchslose Baum verbreitet sich nicht nur über diese Samen, sondern auch durch Wurzelsprösslinge, was manchen Gartenbesitzer in die Verzweiflung treibt. So wird die Robinie auf trockenen Standorten leicht zur dominanten Baumart und entwertet so wichtige Biotope wie Trocken- und Magerrasen. Andererseits bindet sie durch Symbiose mit Wurzelknöllchenbakterien Stickstoff aus der Luft. Auch kann sie invasiv in Waldbestände eindringen, was sie in den Trockengebieten Südosteuropas längst tut. So ist die Robinie heute nicht mehr aus der Pflanzenvielfalt wegzudenken, weshalb man sie auch unproblematisch zum Baum des Jahres 2020 gewählt hat.

Die Rosskastanienminiermotte

Bohrt sich durch Kastanienblätter

Wenn sich lange vor dem Herbst braune Blätter von Kastanien lösen, dann ist die Miniermotte (*Cameraria ohridella)* am Werk. Dieses Insekt, dessen Raupen so gefräßig sind, wurde erst 1984 am mazedonischen Ohridsee entdeckt. Das versetzte die Wissenschaftler in Erstaunen, denn als Falter ist das Insekt doch groß genug, um nicht übersehen zu werden. Tatsächlich gelten als ursprünglicher Lebensraum der Kastanienminiermotte die engen Schluchtwälder Mazedoniens und Albaniens, die selbst heute noch schwer zugänglich sind. Aber mit dem Bau von Wegen und Straßen konnte sich die Motte ausbreiten.

Befallen von der Larve der Rosskastanienminiermotte wird die weißblütige Rosskastanie (*Aesculus hippocastanum*). Die Motte ist in der Lage, drei sich überlappende Generationen pro Jahr zu bilden. Der Zyklus beginnt im zeitigen Frühjahr mit dem Schlupf der drei bis sieben Millimeter großen Falter der im Falllaub überwinterten Generation. Die bereits kurz darauf begatteten Weibchen legen dann bis zu siebzig Eier auf der Blattoberseite der Kastanie ab. Nach zehn Tagen bohren sich die Larven in das Blatt ein, in dessen Innerem sie sich wie durch Minen durch das Blattgewebe fressen. Dabei trennen sie die Wasserversorgung ab und trocknen die oberen Bereiche der Minen aus, sodass die Blätter braun werden. Die Larvalentwicklung dauert in zwei Stufen einen Monat, danach folgt eine etwa zweiwöchige Puppenruhe. Die Falter der letzten Generation überwintern im Puppenstadium in ihren Kokons in den Minen der abgefallenen Blätter. Die Kastanien sterben bei dieser Prozedur nicht ab, sondern werden stark im Wachstum gehemmt. Einer der Biologen, der die Motte 1984 zuerst beschrieb, brachte Proben in ein Labor nach Österreich, woraus die Tiere entkamen und sich seither über ganz Europa ausgebreitet haben. Eine wirksame Art der Bekämpfung ist das aufwendige Aufsammeln des Falllaubs und die Kompostierung bei hohen Temperaturen in kommerziellen Anlagen.

1 mm

Die Rote Schlauchpflanze

Dominant in europäischen Mooren

Die fleischfressende Rote Schlauchpflanze (*Sarracenia purpurea*) ist eine Moorpflanze, deren Kernverbreitungsgebiet ursprünglich vom Süden New Jerseys bis in den Nordosten von Florida reichte. Als typische Moorpflanze auf nährstoffarmen Böden ist sie auf zusätzliche Eiweißnahrung aus Beutetieren angewiesen, die sie in ihren Schläuchen fängt. Sie zählt zu den urtümlichsten Schlauchpflanzen (*Sarracenia*), weil sie keinen Deckel über ihrem Schlaucheingang hat, damit sich Regenwasser darin ansammeln kann. Da sie im Gegensatz zu anderen Schlauchpflanzen weniger Verdauungsenzyme bereithält, ist sie zur Auflösung ihrer Beutetiere auf die sich im Regenwasser entwickelnden Bakterienkulturen angewiesen.

Bei der Roten Schlauchpflanze handelt es sich um ein stängelloses, bis vierzig Zentimeter hohes Gewächs mit immergrünen röhrenförmigen Blättern, die unmittelbar dem Rhizom entwachsen. In den trichterförmigen Schläuchen sammelt sie ihre überwiegend aus Insekten bestehende Beute, die sie mit Duftstoffen und Nektar anlockt. Die Schläuche sind innen mit nach unten ausgerichteten Härchen besetzt, unten sind sie glatt. Schlauchlänge und Schlauchöffnung stehen im Verhältnis 3:1 zueinander. Nach der Winterpause erscheinen die aufrecht an Stängeln stehenden gelben, mit roten Kelchblättern versehenen Blüten, die im Juli/August aufgehen. Die Vermehrung ist über die kapselförmigen Samen und über die Rhizome möglich.

Verbreitung fand die Rote Schlauchpflanze, auch wegen ihres attraktiven Erscheinungsbildes, in Mitteleuropa durch aktives Anpflanzen an geeigneten Standorten, so geschehen in den 2000er-Jahren in Mittelfranken und schon seit den 1960er-Jahren in der Lausitz. Auch in Hausgärten ist sie ausgesprochen beliebt. Längst ist sie so von Irland über England bis Schweden verbreitet. An manchen Standorten hat sie Dominanzbestände gebildet, wo sie endemische Pflanzen verdrängt. Deshalb ist sie schon lange als invasive Art eingestuft.

Der Rothirsch

Außerhalb Europas eine invasive Art

Wie kann es sein, dass der Rothirsch (*Cervus elaphus*) aus unseren Wäldern zu den 100 gefährlichsten invasiven Arten weltweit zählt?
Rothirsche sind die größten und imposantesten frei lebenden Wildtiere in deutschen Landen. Ihre Größe schwankt zwischen den unterschiedlichen Lebensräumen erheblich. Die Kopf-Rumpf-Länge beträgt 165–265 Zentimeter, die Körperhöhe 75–150 Zentimeter. Das Gewicht liegt zwischen 100 und 140 Kilo. Die weiblichen, Hirschkuh genannten Tiere sind in der Regel mindestens 20 Prozent kleiner und wiegen nur die Hälfte. Im Herbst, zur Brunftzeit, trägt der Hirsch ein Geweih von bis zu zwölf Enden mit einem Gewicht von bis zu 15 Kilo. Das Geweih wirft er jeweils im Frühjahr ab, es wächst dann bis zum Herbst neu, das Fell wechseln die Tiere zweimal. Das Sommerfell ist rostbraun, das doppelt so lange Winterfell ist graubraun. Zur Brunftzeit rivalisieren die Hirsche mit ihren Geweihen und sammeln weibliche Rudel um sich. In der Regel gebiert eine Hirschkuh Ende Mai ein Kalb.
Die Jagd auf Hirsche war im Mittelalter dem Adel vorbehalten. Hetzjagden gehörten zu den großen herrschaftlichen Vergnügungen. Heute dient die Jagd im Wesentlichen der Regulierung der Wildbestände, wobei der Hirsch nach wie vor das begehrteste Jagdziel darstellt. Die Jagdfreude war es dann auch, die argentinische Farmer um 1900 veranlasste, Rothirsche nach Patagonien einzuführen. Seither haben sich die Tiere in Chile und Argentinien vermehrt, richteten bislang aber noch keinen Schaden an. So ist es auch in Australien, wo das Klima den Bestand begrenzt. Anders war es in Neuseeland mit ähnlichen Lebensverhältnissen für die Tiere wie in Europa. Hier schädigten Rothirsche den Pflanzenbestand und trugen zur Erosion bei. Schon in den 1930er-Jahren wurde daraufhin der Rothirschbestand verringert, und heute hat sich das Problem durch die gestiegene Nachfrage nach edlem Hirschfleisch von selbst gelöst.

Das Rotnackenwallaby

Vergeblich im Kottenforst eingebürgert

Die Geschichte der „invasiven" Kängurus im Kottenforst bei Bonn, jenem historischen Waldgebiet, in dem der Kölner Kurfürst Clemens August Mitte des 18. Jahrhunderts seine legendären Pareforce-Jagden abhielt, ist eher kurios. Es handelte sich dabei um Rotnackenwallabys (*Notamacropus rufogriseus*), eine von acht Wallaby-Arten aus der Tierfamilie der Kängurus. Die mit grauem Fell und rotem Bereich an Kopf und Schultern versehenen Tiere werden einen Meter groß und an die fünfzehn Kilo schwer. Typisch für Kängurus sind der kleine Kopf, der siebzig Zentimeter lange, kräftige Schwanz und die längeren und kräftigeren Hinterbeine als die Vorderbeine.

Im linksrheinischen Gebiet um den Kottenforst ist das Adelsgeschlecht derer von Boeselager seit jeher ansässig. Ein Zweig der Familie hat seinen Burgsitz in Heimerzheim am Kottenforst. Im Jahr 1887 versuchte Burgherr Philipp von Boeselager, Kängurus in diesem historischen Waldareal einzubürgern. Zu diesem Zweck erwarb er in London zwei Männchen und drei Weibchen Rotnackenwallabys und setzte sie im Kottenforst aus. Die Tiere lebten sich gut ein und überlebten sogar den ersten Winter mit heftigen Minusgraden. Bis zum Sommer 1890 hatte sich die Schar auf neun Tiere vermehrt, im Herbst waren es sogar schon zwanzig ihrer Art. Doch dann wurden sie von Wilderern erlegt. Erst viel später erfuhr Philipps Sohn Albert, wo die Kängurus verspeist worden waren. Aber die Tradition setzt sich fort. Ganz in der Nähe hat der Gastwirt des „Vorgebirgsblick" in Bornheim-Merten an seinem Biergarten aktuell ein Gatter eingerichtet, in dem er zur Freude der Kinder elf Rotnackenwallabys hält, die er aus einer Privathaltung aufgekauft hat. Um das Gatter seiner springfreudigen Kängurus hat er einen zwei Meter hohen Zaun errichtet. Und im Gatter hält er die Weibchen in einem separaten Gehege, um der unkontrollierten Vermehrung entgegenzuwirken …

Der Rotsteißbülbül

In vielerlei Hinsicht problematisch

Bei dem Rotsteißbülbül (*Pycnonotus cafer*) handelt es sich um eine Sperlingsart, die inzwischen weit über ihr angestammtes Ursprungsgebiet hinaus verbreitet ist und von der man noch nicht weiß, inwieweit sie auf Dauer als invasiv zu bezeichnen ist oder eine Ergänzung in ihrem neuen Lebensumfeld darstellt. Die Art ist inzwischen in Australien, Neuseeland, den Vereinigten Staaten und auf Inseln wie Tonga und Fidschi, Cook Island, Samoa, Neukaledonien und Fuerteventura angekommen. Als beliebter Käfigvogel weltweit hat der Mensch selbst durch das Freilassen der Tiere für dessen Verbreitung gesorgt. Besonderes Augenmerk hinsichtlich seiner Invasivitätsbewertung muss dabei auf die Situation solcher Inseln gelegt werden, die durch ihre Abgeschiedenheit einen hohen Anteil endemischer Vogelfauna aufweisen, die der Konkurrenz von Neuankömmlingen nicht oder nur mäßig gewappnet ist. Neukaledonien ist ein solches Beispiel, wo der Rotsteißbülbül heimische Arten bedrängt, interessanterweise stärker im urbanen als im ländlichen Raum. Das zeigt sich auch auf Fuerteventura, wo er aufgrund des ariden Geländes im ländlichen Raum überhaupt keine Überlebenschance hat.
Beim Rotsteißbülbül handelt es sich um einen zwanzig Zentimeter großen Vogel mit langem Schwanz, der aus Südasien von Indien über Sri Lanka bis Myanmar stammt und dort in Gebüschen, offenen Wäldern und in Kulturland lebt. Sein geschecktes Grundgefieder ist dunkel, er hat einen weißen Bauch, unter den Schwanzfedern ist er purpurrot, was ihm seinen Namen gibt. Männchen und Weibchen sind weitgehend einheitlich gefärbt. Im becherförmigen Nest werden zweimal jährlich bis zu fünf Eier abgelegt. Es handelt sich um eine opportunistische Spezies, deren Nahrung aus Früchten, Nektar, Knospen, Wirbellosen und gelegentlich auch aus Wirbeltieren besteht. Der Rotsteißbülbül lebt in konfliktreichem Verhältnis zum Menschen, über deren Obst- und Gemüsegärten der gesellige Vogel herfällt. Die Bekämpfung ist in seinen neuen Lebensräumen schwierig und aufwendig. Aber in Neuseeland hat man es tatsächlich inzwischen geschafft, ihn wieder zu eliminieren.

Der Schlauchpilz

Verursacht das Ulmensterben

Aus der Familie der Ulmengewächse sind drei Arten in Mitteleuropa heimisch: die Flatterulme, die Feldulme und die Bergulme. Vom sogenannten Ulmensterben sind vor allem die Bergulme und bedingt auch die Feldulme betroffen. Diese haben eine rauere Borke als die Flatterulme, was das Eindringen des Erregers, der das Ulmensterben verursacht, erleichtert. Überträger dieser aus Ostasien eingeschleppten Pilzerkrankung ist der Ulmensplintkäfer. Die Pilze entwickeln sich im Splintholz unterhalb der Wachstumszone des Kambriums und verstopfen die Wasserleitbahnen, die sich im sogenannten Frühholz mit der beginnenden Wachstumsphase nach der Winterruhe bilden. Trotz Abwehrmaßnahmen des Baums wird der Nährstofffluss so stark beeinträchtigt, dass seine Blätter welken. Im Laufe von zwei bis fünf Jahren sterben die Bäume ab. Nur in Höhen von über 700 Metern, wo die Pilze nicht überleben können, sind die Ulmen sicher.

Von den sieben Ulmensplintkäferarten in Mitteleuropa ist der Große Ulmensplintkäfer (*Scolytus scolytus*) am häufigsten anzutreffen. Die fünf Millimeter großen Käfer besiedeln die Baumrinde. Von einem erbohrten Muttergang zweigen seitliche Larvengänge ab. Beim Einbohren übertragen sie die Sporen des Schlauchpilzes (*Ophiostoma ulmi).*

Im Jahr 1918 wurde erstmals ein in die Niederlande eingeschleppter Schlauchpilz festgestellt. Vor hier aus breitete er sich über ganz Europa aus – die ostasiatischen Ulmen hatten sich evolutionär mit dem Pilz arrangieren können, was den mitteleuropäischen Arten (noch) nicht möglich war. Die Züchtung resistenter Ulmenarten war erfolgreich, doch dann kam in den 1960er-Jahren aus Nordamerika eine Schlauchpilzvariante (*Ophiostoma novo-ulmi*), die alle Bemühungen zunichtemachte. Etwa vierzig Prozent des Feld- und Bergulmenbestands sind seither vernichtet. Fressfeinde der Splintkäfer sind Erzwespen und Raubwanzen, die aber des Problems kaum Herr werden können. Die beste Gegenmaßnahme besteht darin, anstelle der betroffenen Ulmenarten Flatterulmen zu pflanzen.

Ophiostoma novo-ulmi, der Erreger der Ulmenkrankheit, auf infiziertem Ulmenholz.

Die Schlauchseescheide

Filtert den Muscheln die Nahrung weg

Die Schlauchseescheide, wegen ihrer Form auch Seevase (*Sea Vase*) genannt, stellt entgegen früheren Auffassungen einen über viele Meere der Erde verbreiteten Artenkomplex dar. Auch deshalb ist dieses Tier von besonderem Interesse für Biologen und Molekulargenetiker. Bei näheren Untersuchungen stellte sich heraus, dass es sich bei der Schlauchseescheide um mindestens zwei Arten handelt, die sich im Laufe der Evolution schon vor zwanzig Millionen Jahren getrennt haben, deren morphologische Unterschiede aber weiterhin sehr gering sind. Die eine Art (*Ciona robusta*) kommt im Pazifik vor, die andere im Nordatlantik (*Ciona intestinalis*). Laborhybriden zwischen beiden Arten blieben unfruchtbar. Darüber hinaus vermutet man, dass zwei weitere Arten der Schlauchseescheide, eine davon im Mittelmeer und die andere im Schwarzen Meer, ebenfalls gesondert zu betrachten sind.

Schlauchseescheiden sind Hermaphroditen, deren Spermien und Eier gleichzeitig abgegeben werden. Die Eiabgabe erfolgt nur, wenn Fremdspermien in der Nähe sind, wodurch die Selbstbefruchtung vermieden wird. Die befruchteten Eier leben nur kurze Zeit als Plankton und setzen sich dann am Meeresgrund fest. Dort entwickeln sie sich zu einem schlanken, aufrecht wachsenden, milchig durchsichtigen Körper von bis zu zwanzig Zentimetern Höhe. Sie filtern sich ihre Nahrung aus pflanzlichem und tierischem Plankton aus dem Meerwasser. Durch den zunehmenden Seeverkehr hat sich die Seescheide *C. intestinalis* im Rumpfbewuchs von Schiffen aus den Kaltwassser-Küstengebieten des nördlichen Atlantiks an die Ostküste Nordamerikas verbreitet, wo sie sich auf Muschelaquakulturen festsetzt und den Muscheln die Nahrung wegfiltert. So hat sie schon großen Schaden an den Muschelkulturen von Nova Scotia bis South Dakota angerichtet. Auf die gleiche Weise ist *C. robustas* inzwischen an den Küsten Nord- und Südamerikas, Südafrikas, Australiens und Neuseelands anzutreffen, wo man die gleichen Schäden erwartet.

Der Schmetterlingsflieder

Wird von Raupen verschmäht

Man nennt den Schmetterlingsflieder (*Buddleja davidii*) auch Sommerflieder, weil seine Blüten denen der gemeinhin als „Flieder“ bezeichneten, im Mai/Juni blühenden Art ähneln – aber er blüht eben im Sommer. Es handelt sich um einen bis drei Meter hohen buschigen Strauch mit sommergrünen zugespitzten Blättern und blauvioletten Blüten, die dicht in langen Rispen wachsen. Diese auch wohlduftenden Blüten ziehen vor allem langrüsselige Schmetterlinge an. Die Anziehungskraft ist so groß, dass man schon glaubte, die Schmetterlinge seien süchtig danach. Dafür gibt es aber keine wissenschaftlichen Belege.

Ursprünglich stammt der Schmetterlingsflieder aus dem chinesisch-tibetischen Ostasien. Dank seiner Blütenpracht gelangte er in den 1850er-Jahren in englische Parks und Gärten. Gärtnerische Züchtungen intensivierten noch die Pracht aus weißen, rosafarbenen, purpurfarbenen und dunkelvioletten Blüten, sodass die Pflanze sich ab den 1890er-Jahren über ganz Europa und in der Folge auch in Nordamerika, Australien und Neuseeland ausbreitete. Als Gartenflüchtling gelangte der Schmetterlingsflieder in die freie Wildnis. Hier besiedelte er zunächst Ruderalflächen wie brachliegende Rohböden aus Kies, Schutt oder Schotter. Aber dann etablierte er sich weiter auf sonnigen, durchlässigen Bodenflächen an Feldern, Weg- und Waldrändern sowie Flussufern. Dort verdrängt der vermehrungsfreudige und weitgehend frostresistente Schmetterlingsflieder einheimische Sträucher als wichtige Nahrungsquellen für Raupen. Auch wenn seine Blüten Bestäubern zugutekommen, so doch nur in einer Phase seines Lebenszyklus. Denn die Pflanze bietet sich nicht als Wirtspflanze zur Eiablage an, weil keine einheimische Raupe ihre Blätter frisst. Und weniger Raupen dezimieren auch die Vogelwelt. So hat Großbritannien, wo sich der so prächtig blühende Schmetterlingsflieder am weitesten ausgebreitet hat, diesen längst auf die Liste schädlicher invasiver Pflanzen gesetzt.

Ein Tagpfauenauge auf dem Schmetterlingsflieder

Die Schwarze Soldatenfliege

Eine Art der Waffenfliegen

Das äußere Erscheinungsbild der Waffenfliegen (*Stratiomyidae*) erinnert an eine Uniform, deswegen ihr Name. Zu ihrer Familie gehören 2.650 Arten. Eine davon ist die Art, der man den Namen Schwarze Soldatenfliege (*Hermetia illucens*) gegeben hat. Diese schwarze Fliege hat einen breiten Kopf mit Fühlern und einen langen schmalen Körper. Die Männchen werden vierzehn Millimeter, die Weibchen sogar siebzehn Millimeter lang. Ihre Larven, die sich in der Natur sowohl von pflanzlichen als auch tierischen Bestandteilen ernähren, können zwei Kilogramm Futter in ein Kilogramm Körpermasse umsetzen. Ihr hochwertiges Protein eignet sich als Fisch- und Geflügelfutter und bildet so eine hervorragende Alternative zu Soja und Fischöl. Diese Verwendung trägt dazu bei, die Abholzung tropischer Wälder und die Überfischung der Meere einzudämmen. Vor allem die Fliegenmehle eignen sich zum Austausch des weitgehend üblichen Sojaextraktionsschrotes.
Ursprünglich stammt die Schwarze Soldatenfliege aus den subtropischen Breiten Südamerikas. Dort durchläuft sie in nur fünf bis acht Wochen fünf Entwicklungsphasen vom Ei über das Larven-, Vorpuppen-, Puppen und Erwachsenenstadium. Im letzten Entwicklungszeitraum erreichen die Larven eine Länge von 27 Millimetern und einen Durchmesser von 6 Millimetern. Als Fliege frisst sie nicht mehr selbst, sondern ist auf die Nährstoffe angewiesen, die sie als Larve gesammelt hat. Von ihrer südamerikanischen Heimat aus ist die Soldatenfliege inzwischen in die gemäßigten Klimazonen Amerikas, Europas, Afrikas und Asiens eingedrungen, ohne bisher allerdings ökologischen Schaden anzurichten. Aus der Futterzucht freigekommene Fliegen waren nach dem Zweiten Weltkrieg schon im Mittelmeerraum verbreitet. Durch einen geringen Anspruch an ihre Umwelt kann die Schwarze Soldatenfliege in vielen Gebieten leben. In Mitteleuropa hat sie allerdings wegen ihrer Frostempfindlichkeit kaum Überlebenschancen.

Die Schwarzmund-Grundel

Eine pontokaspische Plage

Als „Pontokaspische Region" wird das Gebiet um das Schwarze und Kaspische Meer bezeichnet. Hier sind auffallend viele endemische Fischarten anzutreffen, darunter verschiedene Grundeln der Unterfamilie *Benthophilinae.* Fünf Arten dieser Unterfamilie konnten sich in den letzten Jahrzehnten über ihr Ursprungsgebiet Südosteuropa hinaus nach Westeuropa und in die Großen Seen Nordamerikas ausbreiten. Im Ballastwasser von Schiffen nahm vor allem die Schwarzmund-Grundel (*Neogobius melanostomus*), die wegen ihrer Herkunft auch Schwarzmeer-Grundel genannt wird, ihren Weg westwärts. So gelangte sie über den Wolga-Ostseekanal in die Ostsee, über den Dnepr-Bug-Kanal in die Weichsel und über den Main-Donau-Kanal zum Rhein und von hier aus weiter über den Atlantik nach Nordamerika. Überall breitete sie sich explosionsartig aus und entwickelte sich stellenweise zur dominanten Fischart.

Die zwanzig Zentimeter lange, grünlich bis bräunliche Schwarzmund-Grundel kann bis zu sechs Jahre alt werden. Typisch sind ihr abgeflachter Kopf, das nach oben stehende Maul, ihre Glubschaugen und die zum Saugtrichter verwachsenen Bauchflossen. Die Rückenflosse ist zweigeteilt, der vordere Teil besteht aus fünf bis acht Hartstrahlen, der lang gestreckte hintere Teil aus einem Hartstrahl und etwa fünfzehn Weichstrahlen. Die Schwarzmund-Grundel hat keine Schwimmblase und lebt daher vorwiegend am Boden von Gewässern. Sie ernährt sich wie andere Fischarten auch von Insektenlarven, Muscheln, Schnecken, Flohkrebsen und Fischlaich, hat auch Fressfeinde wie Barsch und Zander, Kormoran und Graureiher. Aber problematisch ist sie durch die Effektivität, mit der sich die Weibchen mehrfach im Jahr durch die Ablage von mehreren Tausend Eiern fortpflanzen. Auf diese Weise bedrängen sie die aquatische Biodiversität in ihren neuen Lebensräumen, wo sie als eine von vielen invasiven Arten nachhaltig zum Artenverlust auf unserer Erde beitragen. Ihre Bekämpfung ist schwierig, das Ablassen infizierter Gewässer, Lebendfang durch Elektrobefischung oder der Einbau von Ökosperren in Kanälen oder Ballastwasserfilter sind wenig effizient.

Die Spätblühende Traubenkirsche

Die „Waldpest“

Auf den sandigen Böden des Frankfurter Stadtwalds macht sich seit einiger Zeit eine neue Baumart breit, die einheimische Baumarten verdrängt. Es handelt sich um die aus Nordamerika stammende Spätblühende Traubenkirsche (*Prunus serotina*), die in den Niederlanden schon den Beinamen „*Bospest*“ (= Waldpest) erhalten hat. Diese trockenheitsresistente Baumart kommt mit dem Klimawandel besser zurecht als einheimische Arten und schädigt durch ihre massenhafte Vermehrung angestammte Ökosysteme, so auch das des Frankfurter Stadtwalds. Zusätzlich stört die Traubenkirsche offene Heidelandschaften durch Verbuschung. Um des Problems im Stadtwald Herr zu werden, hat man dort Schneisen durch die Bestände an Spätblühenden Traubenkirschen geschlagen und auf den frei gewordenen Flächen einheimische junge, resistente Baumarten wie Esskastanien, einheimische Kirschen oder Schwarzkiefern gepflanzt.
Die ursprüngliche Heimat der Traubenkirsche ist der Osten Nordamerikas, wo sie von Kanada bis zum Golf von Mexiko auf sandigen und durchlässigen Böden mit viel Sonne vorkommt. In ihrem Ursprungsgebiet wird sie bis fünfunddreißig Meter hoch, in Mitteleuropa zeigt sie sich eher als strauchartiger Baum. Sie hat oberseits glänzende, spitz zulaufende, wechselständig angeordnete Blätter. Die weißen Blütenstände zeigen sich in walzenförmigen Trauben, aus denen kleine, schwarzviolette Kirschen mit wenig Fruchtfleisch und einem einen Zentimeter großen, leicht bitteren Kern entstehen. Importiert wurde die Spätblühende Traubenkirsche erstmals im 17. Jahrhundert für Gärten und Parks in Europa. Seither hat sie sich in den europäischen Wäldern wild verbreitet. Trotz aller Problematik als „Waldunkraut“ bietet die Spätblühende Traubenkirsche als Bienenweide Insekten Nahrung. Dazu dient sie fünf Schmetterlingsarten als Raupenfutter. Die Kirschkerne werden von Waldtieren gefressen, tragen dadurch aber zu ihrer weiteren Verbreitung bei, denn jede Spätblühende Traubenkirsche bildet alljährlich etwa 6.000 Kerne aus!

Der Tigerflohkrebs

Salz- und temperaturtolerant

Der Tigerflohkrebs (*Gammarus tigrinus*) ist eine von mehreren Arten der Gattung der Flohkrebse (*Amphipoda*). Diese auch süßwasserverträgliche Brackwasserspezies kommt in den flachen Lagunen, Buchten und Flussmündungen entlang der Atlantikküste Nordamerikas von der südlichen Labrador-Halbinsel über die Chesapeake Bay bis Florida vor. Namensgebend ist die dunkel-/hellgraue Zeichnung von quer laufenden Streifen auf dem Panzer. Der bis zu eineinhalb Zentimeter große Körper ist seitlich zusammengedrückt, blassgrün oder gelblich bei den Männchen, eher blau bei den Weibchen. Die länglichen gesprenkelten Augen reichen dicht an die Kopfoberkante heran. Der Kleinkrebs ernährt sich sowohl von pflanzlichem Material als auch räuberisch von kleinen Wirbellosen.

Es wird vermutet, dass der Tigerflohkrebs im Ballastwasser von Schiffen nach Großbritannien gelangt ist, wahrscheinlich zuerst durch amerikanische Truppentransporte im Ersten Weltkrieg. Nach dem Zweiten Weltkrieg erfolgte der bewusste Besatz als Fischfutter durch Fischer im IJsselmeer. Ende der 1950er-Jahre wurden Tigerflohkrebse in der durch den DDR-Kaliabbau versalzenen Weser ausgesetzt, was 1960 zu einer massenhaften Vermehrung führte. Selbstständig erfolgte dann die natürliche Fernausbreitung im Schiffsbewuchs, durch Ballastwasser und über Kanäle durch Larven in die Flachwassergebiete der Ostsee. Durch die hohe Vermehrungskraft des Tigerflohkrebses mit jährlich drei bis vier Reproduktionszyklen, durch seine Salz- und Temperaturtoleranz und sein breites Nahrungsspektrum ist eine Verdrängung anderer Amphipodenarten und ein Fraßdruck vor allem auf frisch gehäutete bzw. kleinere heimische Amphipodenarten zu befürchten. In den Binnengewässern gehen die Tigerflohkrebs-Bestände allerdings durch die abnehmende Salzbelastung der Flüsse zurück, und dadurch, dass sich der auch *killer shrimps* genannte, ebenfalls invasive Große Höckerflohkrebs (*Dikerogammarus villosus*) seit den 1990er-Jahren extrem ausbreitet. Auf seiner Speisekarte stehen auch Tigerflohkrebse!

Der Tintenfischpilz

Schleimig, eklig, ungenießbar

Es ist wenig mehr als hundert Jahre her, dass sich Sporen von Tintenfischpilzen (*Clathrus archeri)* in der Wolle von Schafen aus Australien einnisteten, die dann ihre Reise nach Europa antraten. Das natürliche Verbreitungsgebiet des Tintenfischpilzes umfasst über Australien hinaus Neuseeland, den Malaiischen Archipel und Südchina. Erstmals wurde er 1914 in den Vogesen nachgewiesen. In Deutschland kam er erst später an, so 1934 bei Karlsruhe, später auch in Nordrhein-Westfalen, so 2011 im Dormagener Wald. Insgesamt ist er aber selten geblieben. Er bevorzugt nährstoffreiche Böden an Wegen, in Laubwäldern und Wiesen, aber auch auf Friedhöfen, sowie in Park- und Gartenanlagen, wo er als Gruppe oder einzeln auftritt. Er ernährt sich von totem organischem Material, wie etwa sich zersetzenden Blättern. Seinen Fruchtkörper entwickelt er wie andere Pilze auch ab dem Frühsommer und bis in den späten Herbst hinein.

Dank seines auffallenden Erscheinungsbildes ist der Tintenfischpilz leicht von anderen Pilzen zu unterscheiden. Zunächst wächst er als bis zu fünf Zentimeter großes rosa Hexenei heran, was typisch für die Pilzordnung der Stinkmorchelartigen *(Phallales*) ist. Aus dem Stamm dieses Hexeneis wachsen vier bis sechs Arme, die den Tentakeln eines Tintenfisches ähneln, und eine Länge von bis zu zehn Zentimetern erreichen. Oben sind die Tentakel hellrot, unterhalb sind sie blass. Sie tragen auf der leuchtend roten Innenseite eine netzartig angeordnete, olivschwarze, Gleba genannte Schleimmasse, welche die Sporen enthält und einen aasartigen Geruch absondert. Dieser widerliche Geruch lockt Fliegen und andere Insekten an, die die Sporen verbreiten. Er lockt aber gleichzeitig auch die Nacktschnecken an, die die Pilze auch verspeisen, bevor sie ihre Sporen ausbilden – was ihrer weiteren Verbreitung enge Grenzen setzt. Für Menschen ist der Verzehr von Tintenfischpilzen ungefährlich, aber sie sind ungenießbar.

Der Topinambur

Die Jerusalem-Artischocke

Der Topinambur (*Helianthus tuberosus*) ist ein Gewächs aus der Familie der Korbblütler (*Asteraceae*) und gehört in die gleiche Gattung wie die Gartensonnenblume (*Helianthus annuus*), wie an der Ähnlichkeit ihrer Blüten deutlich wird. Der Topinambur wird auch als „Kartoffel der Diabetiker" bezeichnet, denn seine Knollen haben nur wenige Kalorien, gerade mal 30 kcal pro 100 Gramm. Ihre Stärke besteht aus Inulin, das für den Menschen unverdaulich ist und daher wie ein Ballaststoff wirkt. Der Topinambur ist eine ausdauernde Pflanze, deren Stängel bis drei Meter hoch werden, die große Blätter und ab August gelbe Blüten tragen. Das Blattwerk bildet sich zum Winter zurück. Die bis zehn Zentimeter großen Rhizomknollen treiben im Frühjahr wieder aus, sie vertragen Kälte bis -15° Celsius. Die Knollen wurden in ihrem Ursprungsgebiet in Mittel- und Nordamerika schon von den Indianern verzehrt. Die Bezeichnung der Pflanze geht daher auf den Indianerstamm der Tupinambá zurück.

Die ersten Topinambur-Pflanzen kamen 1610 mit zurückgekehrten Siedlern aus Amerika nach Europa. Einige Pflanzen gelangten in den Vatikan, wo ihn die päpstlichen Gärtner wegen des ähnlichen Geschmacks als „*girasole articiocco*" (Sonnenblumen-Artischocke) bezeichneten. Daraus wurde verballhornt „Jerusalem Artischocke". Zunächst fand Topinambur als Nahrungs- und Futtermittel Verbreitung, bis ab der Mitte des 18. Jahrhunderts die Kartoffel die Marktführerschaft übernahm. Seither ist Topinambur nur noch ein Nischenprodukt. Dafür ist die Pflanze aber weitflächig verwildert. Schon geringe Teile der Knolle können an einem geeigneten Standort wieder ausschlagen, wobei die Pflanze nicht sonderlich anspruchsvoll an ihre Umgebung ist. Sie treibt schnell aus, ist wuchsfreudig und bedrängt an ihren Standorten auch durch Beschattung die angestammte Vegetation. Ein beliebter Standort sind Uferböschungen, die auch gerne von Ratten und Wühlmäusen bewohnt werden, die sich an den Knollen bedienen – und dabei die Böschungen durchlöchern, was Hochwasserprobleme bereiten kann.

Die Varroamilbe

Der größte Bienenschädling weltweit

Man schätzt, dass es auf der Erde 20.000 Bienenarten gibt. Sie ernähren sich von süßen Pflanzensäften (Nektar) und Pollen. Staatenbildende Arten sind selten, darunter gibt es neun Honigbienenarten. In Asien handelt es sich dabei vorrangig um die Östliche Honigbiene (*Apis cerana*), weltweit hat aber die Westliche Honigbiene (*Apis mellifera*) die größte Bedeutung. Parasitär in Bienenvölkern lebt die Varroamilbe (*Varroa destructor*), die sich in der verdeckelten Brut im Bienenstock vermehrt. Der ursprüngliche Wirt der Varroamilbe ist die Östliche Honigbiene. Diese Bienenart kommt mit der Varroamilbe zurecht, da sie nur die Drohnenbrut befällt, es besteht also eine lang eingespielte Wirt-Parasit-Beziehung. Diese Anpassungszeit fehlt der Westlichen Honigbiene. Denn erst, als sich durch den Menschen die Verbreitungsgebiete der beiden Honigbienenarten zu überschneiden begannen, konnte die Varroamilbe auf die Westliche Honigbiene überspringen. Ihr erster Nachweis in Deutschland stammt aus dem Jahr 1977.

Der Lebenszyklus der Varroamilben ist an den Bienenstock gebunden, der aus der Eier legenden Königin, den befruchtenden Drohnen und aus Arbeiterinnen besteht. Der Zyklus beginnt mit den 1,2 Millimeter großen Weibchen, die sich am Körper von Arbeiterinnen festklammern und aus ihnen Blut und Fett saugen, wodurch auch schädigende Viren eindringen können. Sobald die Arbeiterin eine verpuppungsbereite Bienenlarve in einer Wabe verdeckelt, schlüpft die Milbe in die Wabe und ernährt sich vom Zuckervorrat der Wabe. Ist dieser aufgebraucht, saugt sie die Larve an. Sie legt ein männliches Ei ab und dann mehrere weibliche, die vom geschlüpften Männchen befruchtet werden. Das Männchen stirbt, die entwickelten Milbenweibchen verlassen die Wabe mit der schlüpfenden Biene. So beginnt der Zyklus von Neuem, nur unterbrochen von der Winterruhe, die die Milben im Bienenstock überdauern. Für die Bekämpfung der Varroamilbe gibt es verschiedene mehr oder weniger aufwendige Verfahren. Langfristig erfolgversprechend wäre aber die Züchtung resistenter Bienenvölker und ihre Einkreuzung in die üblicherweise verwendeten Stämme.

Der Waschbär

Vom Edersee über ganz Mitteleuropa verbreitet

Diese Kleinausgabe eines Bären ist durch sein lebendiges Verhalten ein beliebtes Zootier, aber in freier Natur als allesfressendes Wildtier ausgesprochen unbeliebt. Geschickt geht er mit seinen Pfoten um, die denen von Primaten ähneln und ihnen bei der Nahrungssuche helfen. Bekannt sind sie für das „Waschen" ihrer Nahrung, was aber eher ein Testverhalten ist. Daher hat dieser Kleinbär seinen Namen als Waschbär (Procyon lotor) erhalten. Seine Kopf-Rumpf-Länge beträgt bis zu 70 Zentimeter und er wird bis zu neun Kilo schwer. Typisch für ihn ist die schwarze Gesichtsmaske, die sich deutlich vom umgebenden weißen Fell abhebt. Das Körperfell ist durch verschiedene Grautöne gekennzeichnet, der Schwanz hell-dunkel geringelt. Der Waschbär erreicht ein Alter von drei Jahren, in Gefangenschaft von bis zu zwanzig Jahren. Nach der Paarung im Februar und einer Tragzeit von etwas über sechzig Tagen bringt das Weibchen meist um die fünf Junge zur Welt. Weibliche Jungtiere erreichen schon im darauffolgenden Jahr die Geschlechtsreife. Als Allesfresser besteht ihre Nahrung etwa zu gleichen Teilen aus wirbellosen Tieren, aus Wirbeltieren und aus pflanzlicher Kost. Waschbären sind ausgesprochen intelligent und anpassungsfähig, nutzen vielfältige Lebensräume, sind gute Kletterer und in ihrer neuen Heimat in Mitteleuropa auch in städtische Lebensräume eingedrungen, wo sie in Gärten, an Mülltonnen und auch bei Vogelpopulationen viel Unheil anrichten. Die natürlichen Feinde in ihrer nordamerikanischen Heimat sind Wölfe, Luchse und Kojoten, die ihnen in ihrer neuen Heimat fehlen, was hier zu ihrer explosionsartigen Vermehrung beigetragen hat.
Die ursprüngliche Heimat des Waschbären reicht von Panama über Mexiko bis Südkanada, wo sie in Wäldern ein nachtaktives Leben führen. Ausgesetzt wurden die Tiere in Deutschland aus Pelztierfarmen. Eine Aussetzung von zwei Paaren erfolgte sogar mit amtlicher Genehmigung des preußischen Jagdamtes am Edersee im April 1934. Hier fanden sie einen idealen Lebensraum und breiteten sich aus. Längst ist der Waschbär mit einem Bestand von 500.000 Tieren in ganz Deutschland etabliert!

Die Wasserpest

Der Name sagt alles

Welcher Süßwasseraquarianer kennt nicht die Wasserpest? Man kauft im Zoohandel einen Stängel, teilt ihn und steckt die Setzlinge in den Boden des Aquariums, wo sie munter in die Höhe wachsen und nach kurzer Zeit einen dichten Pflanzenwald im Wasser bilden. Die Wasserpest (*Elodea*) ist eine aus zwölf Arten bestehende Pflanzengattung der Froschbissgewächse (*Hydrocharitaceae*). Diese sind ursprünglich auf dem amerikanischen Kontinent verbreitet. Drei davon sind in Europa als invasive Arten zu bezeichnen: die Kanadische Wasserpest (*Elodea canadensis*), die Schmalblättrige Wasserpest, auch Nuttalls Wasserpest genannt (*Elodea nuttallii*), und die Argentinische Wasserpest (*Elodea callitrichoides*). Es handelt sich um mehrjährige Süßwasserpflanzen mit langen Stängeln mit zahlreichen quirlig angeordneten Blättern. Die Blüten treiben an der Wasseroberfläche, wo sie bestäubt werden. In Europa blühen sie allerdings nur selten, weshalb die Vermehrung hier vegetativ erfolgt.

Die Ansiedlung der Wasserpest in Europa erfolgte durch Verschleppung mit Schiffen oder Vögeln. Beteiligt waren auch die Forschung und der Gartenhandel. Am nachhaltigsten wirkte aber das unsachgemäße Aussetzen von Pflanzen durch Aquarianer. In Deutschland ist schon eine flächendeckende Verbreitung in Nordwest- und Westdeutschland festzustellen. Die Verdriftung von Pflanzenteilen sorgt für die Verbreitung entlang von Fließgewässern durch Fischerei- und Angelzubehör, etwa Geräten, Maschinen und Ausrüstungen. Für die Übertragung in Stillgewässer sind dann Vögel maßgeblich. Dadurch, dass die Wasserpest dazu neigt, Dominanzbestände in stehenden und langsam fließenden Gewässern zu bilden, bedrängt sie einheimische Wasserpflanzen, verringert die Wasserzirkulation und reduziert den Sauerstoffgehalt durch ihr zersetztes totes Material. Nachteilig sind auch die Auswirkungen für die Schifffahrt, den Tourismus und die Wasserwirtschaft, weil die Massenbestände Rohre und Filter verstopfen.

Die Ziege

Frisst alles kahl

Ziegen sind paarhufige Wiederkäuer, die den gebirgigen Regionen Eurasiens und Nordafrikas entstammen. Zu dieser Gattung zählt die Wildziege (*Capra aegagrus*). Sie ist in mehreren Unterarten im westlichen Asien verbreitet, darunter ist die Bezoarziege (*Capra aegagrus aegagrus*), aus der die Hausziege domestiziert wurde. Wildziegen sind unterschiedlich groß. Ihre Länge beträgt bis eineinhalb Meter, die Schulterhöhe bis knapp einen Meter bei einem Gewicht von 25 bis 95 Kilogramm. Ihr stämmiger Körperbau steht auf kräftigen Gliedmaßen mit breiten Hufen.

Die Domestizierung der Ziege zur Nutzung als Milch- und Fleischlieferant sowie zur Leder- und Wollverarbeitung und seltener als Zugtier erfolgte vor weit mehr als 10.000 Jahren im Vorderen Orient und führte zu Änderungen an ihrem Körperbau. Dabei reduzierten sich Körper und Gewicht sowie die Form des Hornzapfens. Im Zuge der Entwicklung verbreitete der neolithische Mensch die Ziegen auch auf neue Standorte, so zum Beispiel auf Mittelmeerinseln, wo sie teilweise wieder verwilderten. Unter anderem durch den Fraß der Ziegen entstand eine Macchia genannte, dicht wachsende, immergrüne Hartlaubgebüschform aus Sträuchern, denen die Bodenflora meist abhandengekommen ist.

Seit die Menschen alle Meere befahren, ist eine neue Form der Ziegenverbreitung erfolgt. Seefahrer setzten Nutztiere auf Inseln entlang ihrer kolonialen Fahrstrecken aus. Dafür eigneten sich neben Schweinen vor allem Ziegen, die zäh und ausdauernd auch unter schwierigen Lebensbedingungen existieren können. Selbst Dornengestrüpp weiden sie ab. Das schwindende Pflanzenkleid sorgt allerdings für Wind- und Wassererosion, was komplette Ökosysteme gefährdet. Ein besonders eklatantes Beispiel sind die Galapagosinseln, wo man mit allen Mitteln die streunenden und alles kahl fressenden Ziegen zu entfernen versucht, vor allem, um den Riesenschildkröten die Nahrungsquellen zu erhalten. Übrigens ist die kleine Galapagosinsel Pinta seit 2001 ziegenfrei.

Die Zuiderzeekrabbe

Mit unterschiedlich großen Scheren

Wo sich heute das durch den 1936 fertiggestellten Abschlussdeich zum Süßwassersee gewordene IJsselmeer erstreckt, breitete sich vorher die meerwasserhaltige Zuiderzee aus. Hier hatte die ursprünglich von der Ostküste Nordamerikas stammende, eher unauffällige Zuiderzeekrabbe (*Rhithropanopeus harrisii*) neuen Lebensraum gefunden, vermutlich im Ballastwasser oder im Bewuchs von Schiffsrümpfen über den Atlantik nach Europa eingeschleppt – hier wurde sie erstmals 1870 angetroffen, 1936 auch im Nord-Ostsee-Kanal. Inzwischen ist sie in der Nord- und Ostsee verbreitet und lebt dort im flachen Brack- und Salzwasser auf Weich- oder Sandböden. Man geht davon aus, dass die Zuiderzeekrabbe in den Jahren 1910–1914 bei der Erweiterung des Nord-Ostsee-Kanals mit niederländischen Kähnen dorthin gelangte.

Knapp 2,5 Zentimeter groß werden die Zuiderzeekrabben. Ein Erkennungsmerkmal der olivgrün bis bräunlich gefärbten Tiere sind ihre unterschiedlich großen Scheren. Der Panzer weist vorne auf beiden Seiten vier runde Zähne auf. Der Stirnrand ist nicht gezahnt, sondern glatt. Manche Tiere haben dunkle Punkte auf dem Panzer. Ihre Laufbeine sind lang, schlank und spärlich behaart. Die gelegten Eier bleiben an der Mutter haften, bis sie schlüpfen. Danach durchleben sie vier Larvenstadien und ein Postlarvenstadium zum Erwachsenenalter.

Zuiderzeekrabben ernähren sich von Aas, Detritus und Kleingetier. Sie gelten als eher unauffällige Einwanderer und richten keinen Schaden an Netzen und Reusen an und scheinen auch nicht schädlich für das Ökosystem zu sein. Doch wird aus Estland berichtet, dass sie in der Bucht von Pärnu, wo sie 2011 erstmals auftauchten, die Artenvielfalt beeinträchtigt haben. Insbesondere gebe es dort inzwischen deutlich weniger heimische Muscheln und Schnecken, von denen sich die Krabben ernähren.

Anhang 1

Der Schwarze Tod

Der Pestbazillus

Welch großen Schaden invasive Arten anrichten können, zeigt besonders deutlich ein Beispiel aus dem Bereich der Archäobiota. Dabei handelt es sich um solche Lebewesen, die vor der Entdeckung Amerikas direkt oder indirekt durch den Menschen in ein neues Lebensumfeld eingebracht wurden. Bei diesem Beispiel geht es um die als „Schwarzer Tod“ bezeichnete, spätmittelalterliche Pest, die etwa ein Drittel der damaligen Bevölkerung Europas dahinraffte. Epidemien durch das Pestbakterium (*Yersinia pestis*) hatte es schon immer gegeben. Doch erst durch eine Mutation wurde es für den Menschen so gefährlich – die wissenschaftliche Forschung konnte als Entstehungsort dieser Mutation das Gebiet von Kirgisistan lokalisieren. Durch die intensiven vorkolumbianischen Handelskontakte zwischen der fernöstlichen und der westlichen Welt konnte sich das Bakterium, das die blutsaugenden Rattenflöhe (*Xenopsylla cheopis*) von der Ratte (*Rattus rattus*) als Zwischenwirt aufnehmen, so schnell verbreiten.
Der Verbreitungsweg des „Schwarzen Todes“ nach Europa ist durch Quellenbefunde genau belegt. 1345 erkrankten die ersten Menschen in Sarai an der unteren Wolga, das damals zum Mongolischen Reich gehörte. 1346 erreichte die Pest den genuesischen Handelsstützpunkt Kaffa auf der Halbinsel Krim (heute = Feodossija), wo intensiver Handel mit Mongolen betrieben wurde. Über das weitverzweigte Handelsnetz der Genueser verbreitete sich die Pest über Handelsschiffe schnell nach Konstantinopel und Sizilien, wo ein großer Teil der Besatzung eines 1347 eintreffenden Schiffes der Krankheit erlegen war. 1348 hatte die Pest über Marseille schon die Rhône und im Mai desselben Jahres Paris erreicht. In Deutschland tauchte die Seuche erst 1349 auf. Stärker betroffen waren die Städte, ländliche Regionen eher weniger. Auch einzelne Landstriche blieben weitgehend verschont. Dennoch benötigte Europa mehrere Jahrhunderte, um den Bevölkerungsrückgang wieder aufzuholen.

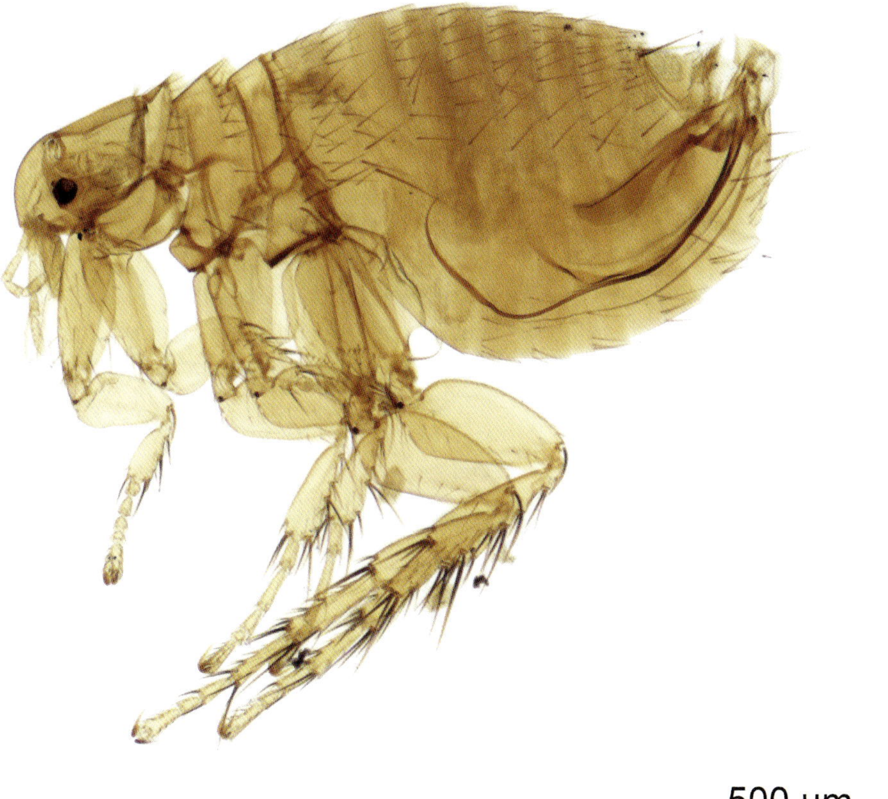
500 µm

Anhang 2

Die Kartoffel

Voll üppiger Blütenpracht

Die Kartoffel (*Solanum tuberosum*) ist das beste Beispiel dafür, welch großen Nutzen gebietsfremde Arten für ihren neuen Lebensraum entwickeln können. Der seinerzeit berühmteste Botaniker Carolus Clusius (*1526 in Arras – †1609 in Leiden) unterschrieb im Jahr 1588 in Frankfurt eine Grafik als Quittung für eine ihm überreichte Kartoffelpflanze. Dies ist der erste Beleg für das Vorhandensein der Kartoffel in Deutschland. Dieses Nachtschattengewächs war damals übrigens nicht wegen seiner Knolle von Interesse, sondern wegen seiner Blütenpracht, die es in seiner ursprünglichen bolivianisch-peruanischen Andenwelt zeigte. Die Bezeichnung leitet sich übrigens vom italienischen Wort für Trüffel (= *tartufolo)* ab – wegen des ähnlichen Aussehens der Knolle.
Die Samen der Kartoffel werden in tomatenähnlichen Beeren ausgebildet. Die Vermehrung erfolgt aber hauptsächlich über ihre Wurzelverdickungen (= Knollen), in denen die Reservestoffe für den nächstjährigen Austrieb lagern. Diese Knollen dienten den Indigenen der Anden schon seit Jahrtausenden als Grundnahrungsmittel. Es dauerte aber Jahrhunderte, bis sich die Kartoffelknolle auch in Europa durchsetzen konnte. Dazu mussten die Pflanzen an die hiesigen klimatischen Bedingungen und Wachstumsperioden (Tag/Nacht-Verhältnis) angepasst und die Ablehnung der Bauernschaft gegenüber allem Neuen überwunden werden. Widerstand kam auch von der Kirche, die Probleme mit der Erhebung des Zehnts bei Kartoffeln hatte.
Die Kartoffel ist heute längst eines der wichtigsten Nahrungsmittel der Menschheit. Weltweit werden jährlich etwa 300 Millionen Tonnen Kartoffeln geerntet, die auch als Futtermittel und Industrierohstoff dienen. Die größten Anbauländer sind China und Indien. In Deutschland beträgt die jährliche Kartoffelernte 11 Millionen Tonnen. Die Blüten hat man den Pflanzen inzwischen weitgehend weggezüchtet – zugunsten der Knollenausbeute! Übrigens hat sich die Kartoffel in Mitteleuropa nicht als Wildpflanze etablieren können.

Quellenhinweise

Biologie Seite: Neobiota
www.biologie-seite.de/Biologie/Neobiota?utm_content=cmp-true

BUND: Neobiota - Anregungen für eine Neubewertung
www.bund.net/fileadmin/user_upload_bund/publikationen/bund/standpunkt/neobiota_standpunkt.pdf

Bundesamt für Naturschutz (BfN): Neobiota
https://neobiota.bfn.de/grundlagen/neobiota-und-invasive-arten.html

Bundesamt für Naturschutz (BfN): Naturschutzfachliche Invasivitätsbewertungen gebietsfremder Arten für Deutschland
https://neobiota.bfn.de/invasivitaetsbewertung

Bundesamt für Naturschutz (BfN): Unionsliste (Verordnung EU) Nr. 1143/2014 über die Prävention und das Management der Einbringung und Ausbreitung invasiver gebietsfremder Arten
https://neobiota.bfn.de/unionsliste.html

Bundesamt für Naturschutz (BfN): Die invasiven gebietsfremden Arten der Unionsliste der Verordnung (EU) Nr. 1143/2014 – Dritte Fortschreibung 2022
https://bfn.bsz-bw.de/frontdoor/deliver/index/docId/1133/file/Schrift654.pdf

Bundesamt für Naturschutz (BfN): Methodik der naturschutzfachlichen Invasivitätsbewertung für gebietsfremde Arten, BfN Schriftenreihe 340
www.bfn.de/sites/default/files/BfN/service/Dokumente/skripten/skript340.pdf

Deutschlandfunk Nova: Neobiota – Gebietsfremde Arten in Deutschland
www.deutschlandfunknova.de/beitrag/bedrohte-vielfalt-neue-arten-und-ihr-einfluss-auf-das-oekosystem

ICUN: Bericht der 100 invasivsten Arten weltweit
https://portals.iucn.org/library/sites/library/files/documents/2000-126.pdf

NABU: Infoblatt Neophyten
www.nabu.de/imperia/md/content/nabude/naturschutz/neophyten.pdf

NABU: Infoblatt Neozoen
www.nabu.de/imperia/md/content/nabude/naturschutz/neobiota_braunschweig.pdf

UN Biodiversitätsbericht 2023
www.ipbes.net/IASmediarelease

UN Nachhaltigkeitsbericht 2023
https://sdgs.un.org/sites/default/files/2023-09/FINAL%20GSDR%202023-Digital%20-110923_1.pdf

Bildverzeichnis

chilensis (Foto: GZagatta, Wikimedia); Seite 85: Hippopotamus amphibius (Foto: Charles J. Sharp, Wikimedia); Seite 87: Clarias batrachus (Foto: Vassil; Wikimedia); Seite 89: Sciurus niger (Foto: Antoine Taveneaux, Wikimedia); Seite 91: Hydrangea macrophylla (Foto: Agnieszka Kwiecień, Wikimedia); Seite 93: Lysichiton americanus (Foto: Murray Foubister, Wikimedia); Seite 95: Anoplolepis gracilipes (Foto: John Tann, Wikimedia); Seite 97: Lythrum salicaria (Foto: Hans Otzen); Seite 99: Lepomis gibbosus (Foto: Archiv Otzen); Seite 101: Vespula vulgaris (Foto: Frank Vassen, Wikimedia); Seite 103: Corvus splendens (Foto: GerifalteDelSabana, Wikimedia); Seite 105: Pomacea canaliculata (Foto: Basile Morin, Wikimedia); Seite 107: Canis aureus (Foto: Afsarnayakkan, Wikimedia); Seite 109: Ailanthus altissima (Foto: H. Zell, Wikimedia); Seite 111: Lissachatina fulica (Foto: Charles J. Sharp); Foto 113: Codium fragile ssp. Atlanticum (Foto: Flyingdream, Wikimedia); Seite 115: Nezara viridula (Foto: Juan Emilio, Wikimedia); Seite 117: Psittacula krameri (Foto: Charles J. Sharp, Wikimedia); Seite 119: Bipalium kewense (Foto: Piterkeo, Wikimedia); Seite 121: Lagocephalus sceleratus (Foto: Rickard Zerpe, Wikimedia); Seite 123: Rattus rattus (Foto: Alex O'Neal, Wikimedia); Seite 125: Spodoptera frugiperda (Foto: Ernani Zimmermann, Wikimedia); Seite 127: Heracleum mantegazzianum (Foto: Meneerke bloem, Wikimedia); Seite 129: Acridotheres tristis (Foto: Nihar Gogoi, Wikimedia); Seite 131: Oxalis corniculata (Foto: Martinus KE, Wikimedia); Seite 133: Drepanis coccinea (Foto: Alan Schmierer, Flickr); Seite 135: Sargassum muticum (Foto: Lamiot, Wikimedia); Seite 137: Campylopus introflexus (Foto: wild_wind, Wikimedia); Seite 139: Lampropeltis californiae (Foto: Connor Long, Wikimedia); Seite 141: Solidago canadensis (Foto: MurielBendel, Wikimedia); Seite 143: Oryctolagus cuniculus (Foto: JJ Harrison, Wikimedia); Seite 145: Hygromia cinctella (Foto: Martin Cooper, Flickr); Seite 147: Leptinotarsa decemlineata (Foto: Holger Krisp, Wikimedia); Seite 149: Drosophila suzukii (Foto: Katja Schulz, Wikimedia); Seite 151: Paralithodes camtschaticus (Foto: Haddock L, U.S. Fish and Wildlife Service, Wikimedia); Seite 153: Pueraria montana (Foto: I, Gsmith, Wikimedia); Seite 155: Platalea leucorodia (Foto: José Prego, Wikimedia); Seite 157: Nyctereutes procyonoides (Foto: I, Pkuczynski, Wikimedia); Seite 159: Mnemiopsis leidyi (Foto: Petra Urbanek, Wikimedia); Seite 161: Lunularia cruciata (Foto: Hermann Schachner, Wikimedia); Seite 163: Crassula helmsii (Foto: Benjamin Blondel, Wikimedia); Seite 165: Rhea americana (Foto: Fred Schwohl, Wikimedia); Seite 167: Arthurdendyus triangulatus (Foto: S. Rae, Flickr); Seite 169: Lates niloticus (Foto: Daiju Azuma, Wikimedia); Seite 171: Alopochen aegyptiaca (Foto: Becks, Wikimedia); Seite 173: Lithobates catesbeiana (Foto: Donald Hobern, Wikimedia); Seite 175: Asterias amurensis (Foto: CSIRO, Wikimedia); Seite 177: Zoropsis spinimana (Foto: Alvesgaspar, Wikimedia); Seite 179: Myocastor coypus (Foto: Natalia Reyes Escobar, Wikimedia); Seite 181: Pterois volitans (Foto: Elias Levy, Wikimedia); Seite 183: Threskiornis aethiopicus (Foto: Paolo Zavoli, Wikimedia); Seite 185: Dreissena rostriformis bugensis (Foto: Smithsonian Environmental Research Center, Flickr); Seite 187: Daktulosphaira vitifoliae (Foto: Katja Schulz, Wikimedia); Seite 189: Leiobunum sp. A (Foto: Markus Krieger, Wikimedia); Seite 191: Robinia pseudoacacia (Foto: AnRo0002, Wikimedia); Seite 193: Cameraria ohridella (Foto: Beentree, Wikimedia); Seite 195: Sarracenia purpurea (Foto: Illustratedjc, Wikimedia); Seite 197: Cervus elaphus (Foto: Traroth, Wikimedia); Seite 199: Notamacropus rufogriseus (Foto: Gary Williams, Wikimedia); Seite 201: Pycnonotus cafer (Foto: Yogendra Joshi, Wikimedia); Seite 203: Ophiostoma ulmi (Foto: Matt Borden, Flickr); Seite 205: Ciona intestinalis (Foto: Bengt Littorin, Flickr); Seite 207: Buddleja davidii (Foto: Fujnky, Wikimedia); Seite 209: Hermetia illucens (Foto: Vengolis, Wikimedia); Seite 211: Neogobius melanostomus (Foto: Yuriy Kvach, Wikimedia); Seite 213: Prunus serotina (Foto: Awinch1001, Wikimedia); Seite 215: Gammarus tigrinus (Foto: Smithsonian Environmental Research Center, Wikimedia); Seite 217: Clathrus archeri (Foto: Said Bustany, Wikimedia); Seite 219: Helianthus tuberosus (Foto: Uwe W., Wikimedia); Seite 221: Varroa destructor (Foto: Gilles San Martin, Wikimedia); Seite 223: Procyon lotor (Foto: Quartl, Wikimedia); Seite 225: Elodea (Foto: AnRo0002, Wikimedia); Seite 227: Capra aegagrus (Foto: Jon Glittenberg, Wikimedia); Seite 229: Rhithropanopeus harrisii (Foto: Lina Maryanovska, Wikimedia); Seite 231: Xenopsylla cheopis (Foto: Olha Schedrina / The Natural History Museum, Wikimedia); Seite 233: Solanum tuberosum (Foto: Meneerke bloem, Wikimedia)